Nichtlinear-Optische Erzeugung von Dauerstrich-Terahertzwellen

UNI FREIBURG

Dissertation zur Erlangung des Doktorgrades
der Technischen Fakultät der Albert-Ludwigs-Universität
Freiburg im Breisgau

vorgelegt von
Jens Kießling

aus Görlitz

November 2013

Bibliografische Information der Deutschen Nationalbibliothek
Die Deutsche Nationalbibliothek verzeichnet diese Publikation in der Deutschen Nationalbibliografie; detaillierte bibliografische Daten sind im Internet über http://dnb.d-nb.de abrufbar.
1. Aufl. - Göttingen : Cuvillier, 2013
Zugl.: Freiburg, Univ., Diss., 2013

978-3-95404-603-4

Nonnenstieg 8, 37075 Göttingen
Telefon: 0551-54724-0
Telefax: 0551-54724-21
www.cuvillier.de

1. Auflage, 2013
Gedruckt auf umweltfreundlichem, säurefreiem Papier aus nachhaltiger Forstwirtschaft.

978-3-95404-603-4

Selbstständigkeitserklärung

Ich erkläre hiermit, dass ich die vorliegende Arbeit ohne unzulässige Hilfe Dritter und ohne Benutzung anderer als der angegebenen Hilfsmittel angefertigt habe. Die aus anderen Quellen direkt oder indirekt übernommenen Daten und Konzepte sind unter Angabe der Quelle gekennzeichnet. Insbesondere habe ich hierfür nicht die entgeltliche Hilfe von Vermittlungs- oder Beratungsdiensten (Promotionsberaterinnen oder Promotionsberater oder anderer Personen) in Anspruch genommen. Niemand hat von mir unmittelbar oder mittelbar geldwerte Leistungen für Arbeiten erhalten, die im Zusammenhang mit dem Inhalt der vorgelegten Dissertation stehen. Die Arbeit wurde bisher weder im In- noch im Ausland in gleicher oder ähnlicher Form einer anderen Prüfungsbehörde vorgelegt.

Jens Kießling,
Freiburg, 4.11.2013

Dekan:	Prof. Dr. Yiannos Manoli
Gutachter:	Prof. Dr. Karsten Buse
	PD Dr. Markus Walther
Beisitzer	Prof Dr. Oliver Paul
	Prof. Dr. Ulrich Schwarz
Tag der Promotion:	20.12.2013

Inhaltsverzeichnis

1 Kapitel Einleitung

Das praktisch genutzte Spektrum elektromagnetischer Wellen reicht von den Gammastrahlen mit Wellenlängen im Pikometerbereich bis hin zu den Radiowellen mit Wellenlängen, die mehrere tausend Kilometer erreichen können. Viele Spektralbereiche sind direkt mit Prozessen innerhalb der uns umgebenden Atome, Moleküle und Körper verknüpft: Gammastrahlen entstehen beim Übergang zwischen den Energiezuständen von Atomkernen, Röntgenstrahlung bis Infrarotwellen bei Zustandsübergängen innerhalb der Elektronenhülle von Atomen, mittel- und ferninfrarote Wellen entsprechen Molekülschwingungen und Mikro- bzw. Radiowellen werden durch Molekülrotationen hervorgerufen. Hierbei sind die Beziehungen wechselseitig, das heißt, wenn eine Quelle für die entsprechende Strahlung verfügbar ist, kann auch die entsprechende Reaktion des Materials gezielt angeregt werden.

Ein spektroskopisch interessanter Bereich ist der ferninfrarote, im folgenden Terahertz-Bereich genannt, welcher oft mit Frequenzen zwischen $0{,}1$ THz und 10 THz beziehungsweise Wellenlängen von 3 mm bis 30 µm definiert wird. Anhand von Transmissions- oder Absorptionsspektren lassen sich dort Sprengstoffe [1], Drogen [2], DNA [3] und sogar ganze biologische Zellen [4] identifizieren. Um Resonanzen in Gasen aufzulösen, werden Dauerstrich-THz-Quellen mit Linienbreiten von wenigen MHz benötigt [5, 6]. Für astronomische Beobachtungen im THz-Bereich, welche unter anderem wichtige Informationen über die Materialzusammensetzung galaktischer Objekte liefern [7], sind leistungstarke und schmalbandige THz-Lokaloszillatoren nötig [8].

Die Erzeugung kohärenter Strahlung im THz-Bereich ist noch immer eine Herausforderung, und es gibt keine kontinuierlich emittierende Quelle, die eine weite Durchstimmbarkeit mit hoher Leistung, schmaler Linienbreite und einem guten Strahlprofil vereint. THz-Wellen können mit optisch gepumpten Molekül-Lasern [9] erzeugt werden, allerdings sind diese Laser nicht durchstimmbar. Quantenkaskadenlaser können bis zu 100 GHz durchstimmbare [10] THz-Wellen mit Leistungen im Milliwattbereich [11] erzeugen, allerdings weisen sie ein sehr schlechtes Strahlprofil auf [12] und müssen meist kryogen gekühlt werden. Ähnliche Eigenschaften gelten für komplett elektronische Frequenzmultiplikator-Ketten, bei denen die Ausgangsleistung für Frequenzen oberhalb 1 THz aber nur im µW-Bereich liegt [13], weshalb sie hauptsächlich bis zu einigen 100 GHz Verwendung finden.

Zu den durchstimmbaren THz-Quellen zählen Freie-Elektronen-Laser [14]. Diese sind jedoch hallenfüllende Aufbauten und emittieren unter den Strahlenschutz fallende Sekundärstrahlung. Die am weitesten verbreitete Quelle für durchstimmbare Dauerstrich-THz-Wellen basiert auf Photomischung: Hier wird ein photoleitender

Schalter mit der Schwebung zweier infraroter Laser angesteuert und mit dem geschalteten Strom eine Antenne gespeist, welche die THz-Welle mit der Differenzfrequenz der beiden Infrarotlaser abstrahlt. Die Linienbreite ist nicht größer als die der verwendeten Laser, und um 1 THz sind Leistungen im µW-Bereich möglich [15] - zu höheren Frequenzen fällt die erreichbare Leistung aufgrund der RC-Zeitkonstante des Photoschalters und der endlichen Lebensdauer der Leitungselektronen im Photoschalter typischerweise mit über 10 dB pro Oktave ab [16]. In den letzten 15 Jahren konnte die Ausgangsleistung der Photomischer oberhalb von 1 THz bedingt durch die prinzipiellen Beschränkungen der elektronischen Erzeugung nicht signifikant erhöht werden [8, 15].

Eine Lichtquelle, welche keinen elektronischen Beschränkungen unterliegt, ist der optisch parametrische Oszillator (OPO) [17], welcher bereits 1965 von GIORDMAINE et al. experimentell realisiert wurde [18]. Ein OPO basiert auf nichtlinear-optischer Frequenzmischung und konvertiert die Photonen eines Pumplasers zu längerwelligem Signal- und Idlerlicht. Die Durchstimmbarkeit unterliegt keinen prinzipiellen Grenzen, standardmäßig werden beugungsbegrenzte Strahlqualitäten erreicht, und die Linienbreite der erzeugten Wellen kann wenige kHz betragen [19]. Aus diesen Gründen haben sich optisch parametrische Oszillatoren vor allem als Spektroskopiequelle im infraroten Spektralbereich durchgesetzt [20, 21], wo die benötigten optisch-nichtlinearen Materialien eine hohe Transparenz aufweisen.

Da ihre Durchstimmbarkeit nicht fundamental begrenzt ist, können OPOs auch im THz-Bereich eingesetzt werden. Im gepulsten Regime wurden parametrische Oszillatoren basierend auf Lithiumniobat [22] und in Kombination mit einer nichtlinearen Differenzfrequenzmischung in Galliumarsenid [23] demonstriert. SOWADE et al. haben 2009 einen Dauerstrich-parametrischen Oszillator mit einer Leistung von mehreren µW bei Frequenzen über 1 THz gezeigt [24]. Dabei diente die Signalwelle eines mittelinfraroten parametrischen Oszillators als Pumpwelle für eine sekundäre parametrische Oszillation mit der Idlerwelle im THz-Bereich. Da sich die beiden parametrischen Prozesse einen Kristall und einen Resonator teilen, ist der Durchstimmbereich der THz-Welle allerdings auf 1,3 THz bis 1,7 THz begrenzt.

In der vorliegenden Arbeit werden kontinuierlich emittierende parametrische Oszillatoren auf ihre Eignung als weit durchstimmbare Quellen für die THz-Spektroskopie untersucht. Dabei kommen zwei verschiedene Konzepte zum Einsatz, welche miteinander verglichen werden: Direkte Erzeugung als Idlerwelle eines parametrischen Oszillators ("THz-OPO") sowie Erzeugung mit Differenzfrequenzmischung der Signal- und Idlerwelle eines optisch parametrischen OPOs („THz-DFG“ für englisch Difference Frequency Generation).

Bisher wurde zur nichtlinear-optischen Erzeugung von Dauerstrich-THz-Wellen meist Lithiumniobat eingesetzt, welches einen sehr großen nichtlinearen Koeffizienten aber auch hohe Absorption im THz-Bereich besitzt. Der in der vorliegenden Arbeit vorgestellte THz-OPO basiert ebenfalls auf diesem Material, allerdings wird die beim Konzept von SOWADE et al. [24] nötige Kaskadierung zweier parametrischer Oszillationen vermieden, indem der festfrequente Pumplaser resonant überhöht wird, um so die hohe Pumpschwelle zu überschreiten. Zunächst werden Durchstimmbarkeit und Ausgangsleistung sowie Strahlqualität und Polarisation der erzeugten THz-Welle untersucht. Außerdem werden die prinzipiellen Grenzen dieses Konzepts, welche durch das Überschreiten der Pumpschwelle gegeben sind, diskutiert.

Ein weiteres, für die nichtlineare Optik im THz-Bereich vielversprechendes Material ist Galliumarsenid, welches im Vergleich zu Lithiumniobat einen etwas niedrigeren nichtlinearen Koeffizienten, aber auch eine viel geringere Absorption aufweist. Im Jahr 2001 haben Eyres et al. ein epitaktisches Verfahren veröffentlicht [25], welches die Herstellung von periodisch orientiertem Galliumarsenid mit Abmessungen und optischen Qualitäten erlaubt, wie sie für die nichtlineare Optik mit kontinuierlichen Wellen benötigt werden. Schaar et al. konnten basierend auf diesem Material die gepulste Erzeugung von THz-Wellen um 2,8 THz mit Durchschnittsleistungen um 1 mW nachweisen [23]. In der vorliegenden Arbeit wird erstmals die Erzeugung von Dauerstrich-THz-Wellen auf Basis von Galliumarsenid untersucht. Dazu werden zwei infrarote Wellen mit einem Frequenzabstand im THz-Bereich in Galliumarsenid zur eigentlichen THz-Welle gemischt. Diese THz-Differenzfrequenzmischung hat keine Pumpschwelle, und die Durchstimmbarkeit sowie Ausgangsleistung sind hauptsächlich von den beiden einlaufenden infraroten Wellen abhängig. Die infraroten Wellen sind in der vorliegenden Arbeit die Signal- und Idlerwelle eines doppelresonanten, optisch-parametrischer Oszillators, welcher nahe am Degenerationspunkt betrieben wird. Dieses Konzept wird hinsichtlich Ausgangsleistung, Durchstimmbarkeit und Strahleigenschaften mit dem Lithiumniobat-basierten THz-OPO sowie anderen bereits bekannten Quellen für Dauerstrich-THz-Wellen verglichen.

2 Kapitel Grundlagen

Ziel der vorliegenden Arbeit ist es, mit nichtlinear-optischen Prozessen ferninfrarote Wellen zu erzeugen. Dafür kommen optisch-parametrische Oszillatoren zum Einsatz, welche die Terahertzwellen entweder direkt oder über eine nachfolgende Differenzfrequenzmischung der generierten Signal- und Idlerwelle erzeugen. In diesem Kapitel werden die Grundlagen der optisch-parametrischen Verstärkung und Oszillation behandelt. Außerdem werden in den Kristallen auftretende thermische Effekte quantitativ analysiert.

2.1 Optisch-Parametrische Verstärkung

Die Ausbreitung einer elektrischen Welle mit der Feldamplitude $\mathcal{E}$ führt in einem dielektrischen Medium zu einer Schwingungsanregung der Elektronen, welche wiederum als Quelle für eine neu emittierte Welle wirkt. Die Antwort des Materials auf die einfallende Welle wird allgemein durch die elektrische Polarisierung $\mathcal{P}$ beschrieben:

$$\mathcal{P} = \epsilon_0 \left(\chi^{(1)}\mathcal{E} + \chi^{(2)}\mathcal{E}^2 + \chi^{(3)}\mathcal{E}^3 + ...\right). \tag{2.1}$$

Hierbei ist ϵ_0 die Vakuumpermittivität und χ der elektrische Suszeptibilitätstensor. Bei großen Feldstärken $\mathcal{E}$ müssen auch höhere Ordnungen der elektrischen Suszeptibilität berücksichtigt werden, weil die Polarisierung des Materials dem elektrischen Feld nicht beliebig weit linear folgen kann. Da die Polarisation dann auch Produktterme in höherer Ordnung des Felds beinhaltet, kann $\mathcal{P}$ auch Frequenzkomponenten enthalten, die in $\mathcal{E}$ noch nicht vorhanden sind. Für die Frequenzkonversion in dieser Arbeit ist ausschließlich die nichtlineare Suszeptibilität zweiter Ordnung $\chi^{(2)}$ relevant, und Terme höherer Ordnung können vernachlässigt werden:

$$\mathcal{P}_{\mathrm{NL}} = \epsilon_0\chi^{(2)}\mathcal{E}^2 = 2d\epsilon_0\mathcal{E}^2. \tag{2.2}$$

Der nichtlineare Koeffizient d ist dabei die in der Praxis angegebene und oft tabellierte Größe für die optische Nichtlinearität zweiter Ordnung des Materials.

Nimmt man an, dass das elektrische Feld aus drei Frequenzkomponenten mit der Beziehung

$$\nu_{\mathrm{p}} = \nu_{\mathrm{s}} + \nu_{\mathrm{i}} \tag{2.3}$$

besteht (die Indizes stehen bereits für Pumpwelle (p), Signalwelle (s) und Idlerwelle (i)), so können die Felder über die nichtlineare Polarisierung (Gleichung 2.2) koppeln, wobei die Bezeichnungen üblicherweise so gewählt sind, dass die Pumpwelle abgebaut wird und Signal- und Idlerwelle dabei verstärkt werden.

Verstärkung der Signalwelle

Im Folgenden werden nur noch ebene Wellen, welche sich kollinear entlang einer Ausbreitungsrichtung bewegen, betrachtet. Außerdem wird die Absorption der Signalwelle vernachlässigt, da sie bei den verwendeten Kristallen deutlich kleiner als die Verluste an den dielektrischen Beschichtungen ist.

Unter der Annahme einer nicht abgebauten Pumpwelle – was für den Grenzfall einer starken Pumpwelle und schwachen Signalwelle gerechtfertigt ist – kann aus den gekoppelten Wellengleichungen [26] folgende Beziehung für die Kleinsignalverstärkung G_s der Signalwelle beim Durchgang durch ein dielektrisches Medium in Abhängigkeit von der zurückgelegten Wegstrecke z hergeleitet werden [19]. Dabei wird die Absorption von Pump- und Signalwelle vernachlässigt.

$$\begin{aligned} G_\mathrm{s}(z) = \frac{|\mathcal{E}_\mathrm{s}(z)|^2}{|\mathcal{E}_\mathrm{s}(0)|^2} - 1 &= \left|\cosh(gz) + \frac{\delta}{g}\sinh(gz)\right|^2 e^{-\frac{1}{2}\alpha_\mathrm{i} z} - 1 \qquad (2.4) \\ \text{mit} \quad g &= \sqrt{\delta^2 + \gamma_\mathrm{s}\gamma_\mathrm{i}\,|\mathcal{E}_\mathrm{p}|^2} \\ \gamma_\mathrm{s,i} &= \frac{2\pi\nu_\mathrm{s,i} d}{n_\mathrm{s,i} c} \\ \delta &= \frac{\alpha_i - i2\Delta k}{4} \end{aligned}$$

Hierbei bezeichnen $\mathcal{E}_\mathrm{s}(z)$ die Feldstärke der Signalwelle in Abhängigkeit von der Propagationslänge z im Kristall, α_i die Absorption der Idlerwelle, $n_\mathrm{s,i}$ die Brechungsindizes des Materials für die Signal- und Idlerwelle und $\mathcal{E}_\mathrm{p}$ die Feldstärke der Pumpwelle. Die Phasenfehlanpassung Δk kann als Abweichung von der Impulserhaltung verstanden werden und ist die Wellenvektorsumme aller beteiligten Wellen $\Delta k = |\vec{k}_\mathrm{p} - \vec{k}_\mathrm{s} - \vec{k}_\mathrm{i}|$, auf die im Abschnitt Quasiphasenanpassung (2.2) näher eingegangen wird. Abbildung 2.1 zeigt die Signalverstärkung eines mit $P_\mathrm{p} = 100$ W bei $\lambda_\mathrm{p} = 1030$ nm gepumpten Konversionsprozesses zu $\nu_\mathrm{i} = 1{,}35$ THz für verschiedene Absorptionswerte der Idlerwelle in Abhängigkeit von der Kristalllänge. Die Parameter wurden bereits passend für die optisch parametrische Verstärkung in Lithiumniobat gewählt. Bei vernachlässigbarer Idlerabsorption erreicht die Verstärkung 25 % für einen Kristall mit 25 mm Länge. Bei einer Frequenz von $1{,}35$ THz beträgt der reale Absorptionskoeffizient des in dieser Arbeit verwendeten 5% MgO-dotierten Lithiumniobats etwa 40 cm^{-1} [27], wodurch die Verstärkung auf 1 % absinkt.

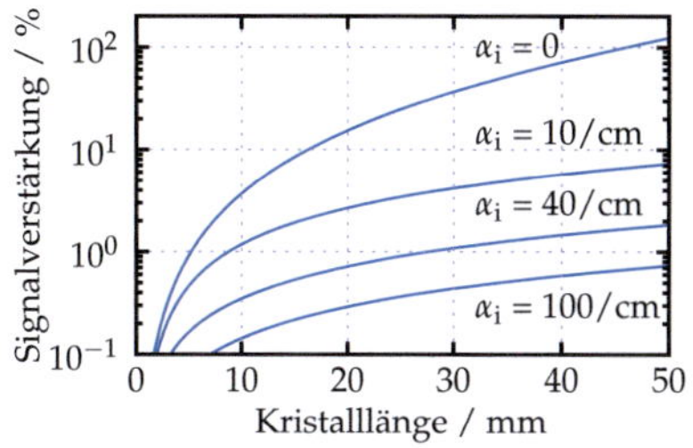

Abbildung 2.1: *Verstärkung der Signalwelle für verschiedene Idlerabsorptionen unter Annahme perfekter Phasenanpassung für eine Idlerwelle von 1,35 THz. Die verwendeten Parameter sind $P_p = 100$ W, $\lambda_p = 1030$ nm, Strahlradius $w_0 = 70$ µm und $d = 100$ pm/V. Für geringe Idlerabsorptionen wächst die Verstärkung quadratisch mit der Kristalllänge, bei Idlerabsorptionen über $\alpha_i = 10\ cm^{-1}$ nur noch linear.*

Idlerleistung mit Absorption

Analog zum Signalfeld lässt sich auch der Aufbau des Idlerfelds in Abhängigkeit von der Kristalllänge berechnen [19]. Mit der Randbedingung, dass die Idlerwelle nicht zurückgekoppelt wird, also am Kristallanfang kein Idlerfeld vorhanden ist ($\mathcal{E}_i(0) = 0$), ergibt sich

$$\mathcal{E}_i(z) = i\frac{\gamma_i}{g}\mathcal{E}_p\mathcal{E}_s^*(0)\sinh(gz)e^{i\frac{1}{2}\left(\Delta k - \frac{\alpha_i}{2}\right)z}. \tag{2.5}$$

Bei nicht verschwindender Idlerabsorption sättigt die Leistung der Idlerwelle nach einer bestimmten Kristalllänge (siehe Abbildung 2.2): Bei einer Absorption von $\alpha_i = 100/\text{cm}$ steigt die Idlerleistung nach einer Propagationslänge von einem Millimeter nicht weiter an. Hierbei ist zu berücksichtigen, dass die nicht absorptiv geschwächte Signalwelle dennoch weiter verstärkt wird und auch die für die Idlerleistung „inaktiven" Kristallteile zur Verstärkung der Signalwelle beitragen (siehe Abbildung 2.1). Der Zusammenhang zwischen Feld und Leistung einer ebenen Welle mit Strahlradius w_0 ist dabei mit dem Brechungsindex n und der Lichtgeschwindigkeit c gegeben durch

$$P = \frac{1}{2}cn\epsilon_0\pi w_0^2\left|\mathcal{E}\right|^2. \tag{2.6}$$

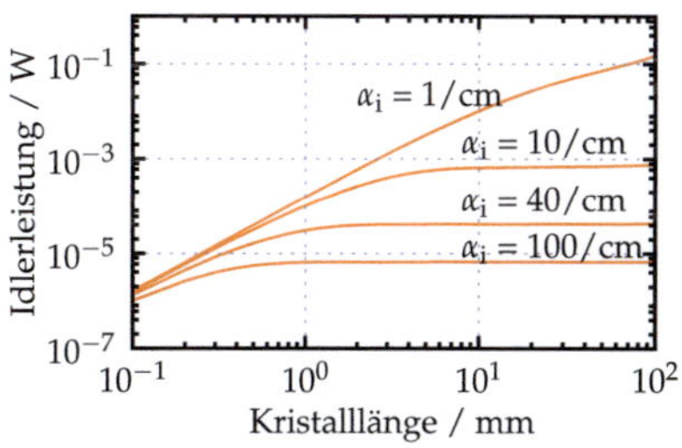

Abbildung 2.2: *Idlerleistungen für verschiedene Absorptionswerte α_i der Idlerwelle. Die verwendeten Parameter sind $P_p = P_s = 100$ W, $\lambda_p = 1030$ nm, $\nu_i = 1{,}35$ THz, Strahlradius $w_0 = 70$ µm und $d = 100$ pm/V.*

2.2 Quasiphasenanpassung

Für eine große Verstärkung (siehe Gleichung 2.4) ist eine möglichst kleine Phasenfehlanpassung Δk nötig, im Idealfall $\Delta k = 0$. Durch die Materialdispersion ist dies im Allgemeinen nicht der Fall, und die durch die nichtlineare Konversion erzeugten Wellen überlagern sich mit einer Periodizität von $2\pi/\Delta k$ abwechselnd konstruktiv und destruktiv mit den in den anderen Kristallteilen erzeugten Wellen, sodass im Mittel keine Verstärkung stattfindet. Eine mögliche Lösung dieses Problems ist die Quasiphasenanpassung [28] (englisch Quasi Phase Matching QPM). Bei diesem Verfahren wird der nichtlineare Koeffizient des Kristalls periodisch mit der Periodenlänge Λ invertiert (siehe Abbildung 2.3b). Der nun ortsabhängige nichtlineare Koeffizient lässt sich als Fourier-Reihe schreiben:

$$\begin{aligned} d(z) &= \sum_{m=-\infty}^{\infty} d_{\mathrm{m}} e^{i2\pi m/\Lambda} && (2.7) \\ \text{mit} \quad d_m &= d\frac{2}{m\pi} \quad \text{mit } m = \pm(1,\ 3,\ 5,\ \ldots). \end{aligned}$$

Hierdurch wird auch die Phasenfehlanpassung abhängig von der Ordnung m um einen Term $k_\Lambda = 2\pi m/\Lambda$ erweitert:

$$\Delta k = k_{\mathrm{p}} - k_{\mathrm{s}} - k_{\mathrm{i}} - k_\Lambda \stackrel{!}{=} 0. \quad (2.8)$$

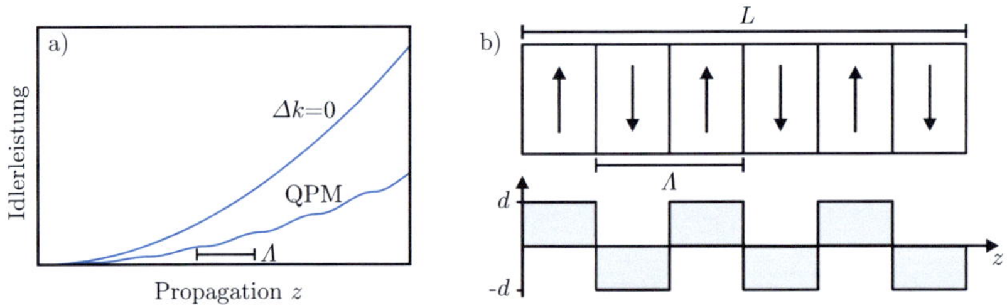

Abbildung 2.3: *a) Leistung der Idlerwelle in Abhängigkeit von der Wegstrecke z im Kristall für perfekte Phasenanpassung im Vergleich zur Quasiphasenanpassung. b) Schematischer Aufbau eines Kristalls mit entlang der Wellenausbreitungsrichtung alternierendem nichtlinearen Koeffizienten.*

Durch die Wahl der Polungsperiodenlänge Λ, mit welcher der nichtlineare Koeffizient im Kristall invertiert wird, kann für eine beliebige Kombination von Pump-, Signal- und Idlerwellenlänge vollständige Phasenanpassung $\Delta k = 0$ erreicht werden. Die Wellenzahlen $k_{\mathrm{s,i}}$ müssen entsprechend ihrer Ausbreitungsrichtung mit oder entgegen der Pumpwelle mit einem Vorzeichen gewertet werden, und der Term k_Λ kann je nach Vorzeichen von m positiv oder negativ werden. Ein wechselndes

Vorzeichen ist gleichbedeutend mit einer Richtungsumkehr des Gitters, welche allerdings das gleiche reale Gitter darstellt. Der effektive nichtlineare Koeffizient verringert sich bei Quasiphasenanpassung erster Ordnung ($|m| = 1$) auf $d_{\text{eff}} = 2d/\pi$ (siehe Abbildung 2.3a).

Abbildung 2.4 zeigt exemplarisch die Verstärkung eines 25 mm langen Lithiumniobat-Kristalls, dessen nichtlinearer Koeffizient mit einer Periodenlänge von $\Lambda = 31$ µm periodisch invertiert ist, was zu perfekter Phasenanpassung der parametrischen Konversion mit einer Idlerfrequenz von 1,35 THz führt. Wird die Absorption der Idlerwelle vernachlässigt, ergibt sich eine Halbwertsbreite der Verstärkung von 1,5 GHz. In dem in dieser Arbeit verwendeten 5 % MgO-dotierten Lithiumniobat ist die Absorption bei 1,35 THz etwa 40 cm^{-1} [27], wodurch die Halbwertsbreite der Verstärkung auf 30 GHz ansteigt und die maximale Verstärkung im ungefähr selben Maß abfällt.

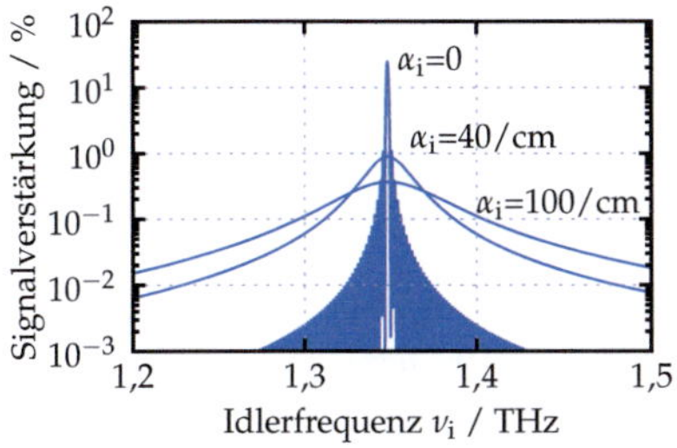

Abbildung 2.4: *Verstärkung der Signalwelle für verschiedene Idlerabsorptionen in einem 25 mm langen Lithiumniobat-Kristall. Der Kristall besitzt eine Quasi-Phasenanpassungsstruktur mit der Periodenlänge $\Lambda = 31$ µm für eine Idlerfrequenz von 1,35 THz. Die verwendeten Parameter sind $P_{\text{p}} = 100$ W, $\lambda_{\text{p}} = 1030$ nm, Strahlradius $w_0 = 70$ µm und $d = 100$ pm/V.*

In dieser Arbeit kommen verschiedene Phasenanpassungsschemata zur Anwendung (siehe Abbildung 2.5). Neben dem Phasenanpassungsschema für parametrische Verstärkung im nahen und mittleren Infrarot, bei dem alle beteiligten Wellenvektoren in die gleiche Richtung zeigen, macht der hohe Brechungsindex in Lithiumniobat für Wellen im THz-Bereich zwei weitere Prozesse möglich, die mit dem gleichen QPM-Gittervektor phasenangepasst sind. Dies sind der THz-Vorwärtsprozess, bei dem der Gittervektor entgegen der Laufrichtung der optischen Wellen gewertet wird

$$\Delta k = k_{\text{p}} - k_{\text{s}} - k_{\text{THz}} + k_{\Lambda}, \tag{2.9}$$

sowie der THz-Rückwärtsprozess, bei dem die erzeugte Idlerwelle gegenläufig zu Pump- und Signallicht erzeugt wird, also an der Eintrittsfläche von Pump- und Signalwelle den Kristall verlässt:

$$\Delta k = k_{\text{p}} - k_{\text{s}} + k_{\text{THz}} - k_{\Lambda}. \tag{2.10}$$

Diese beiden Phasenanpassungsschemata sind die Grundlage für den in dieser Arbeit untersuchten direkten THz-OPO. Beim doppelresonanten Infrarot-OPO, welcher die Eingangswellen für die THz-Differenzfrequenzmischung des zweiten in dieser Arbeit untersuchten Konzepts liefert, zeigen alle beteiligten Vektoren in die gleiche Richtung (siehe Gleichung 2.8).

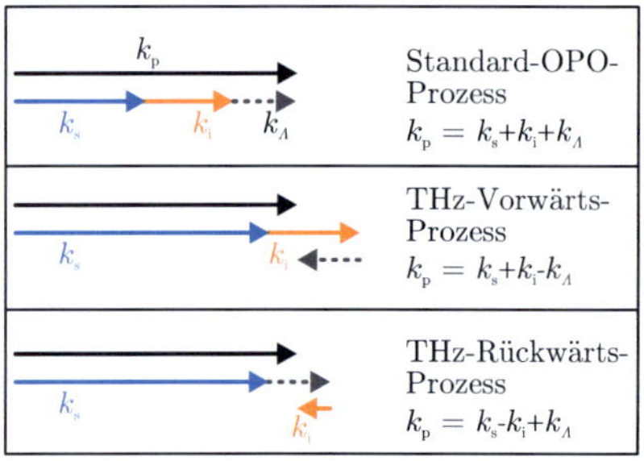

Abbildung 2.5: *Für die Arbeit relevante Phasenanpassungsschemata: Der Standard-Prozess für infrarote OPOs, bei dem Signal- und Idlerlicht in Richtung des Pumplichts propagieren, der THz-Vorwärts-Prozess sowie der THz-Rückwärts-Prozess, bei welchem die THz-Idlerwelle gegenläufig zu Pump- und Signallicht erzeugt wird.*

2.2.1 Parametrische Verstärkung in Lithiumniobat

In Lithiumniobat ist das Vorzeichen des nichtlinearen Koeffizienten mit der Orientierung der ferroelektrischen Domänen in Bezug auf die z-Achse des Kristalls verknüpft. Durch eine periodische Domäneninversion, welche z. B. durch Anlegen eines äußeren, elektrischen Feldes erreicht werden kann [29], alterniert auch das Vorzeichen der nichtlinearen Koeffizienten und kann so zur Herstellung einer für Quasiphasenanpassung geeigneten Strukturierung verwendet werden.

Der Absolutwert des nichtlinearen Koeffizienten ist abhängig von der Polarisation der beteiligten Wellen. Für diese Arbeit gibt es zwei relevante Polarisationskonfigurationen von Pump-, Signal- und Idlerwelle (siehe Abbildung 2.6): Beim sogenannten Typ-eee OPO („e"für englisch extraordinary, außerordentlich polarisiert) haben Pump-, Signal- und Idlerwelle die gleiche Polarisation entlang der z-Achse des Kristalls. Die Kopplung der drei Wellen vermittelt der nichtlineare Koeffizient $d_{33} = 27\ \mathrm{pmV}^{-1}$ [30] des Materials, welcher in Lithiumniobat auch gleichzeitig der größte nichtlineare Koeffizient ist. Bei der Typ-oeo („o"für englisch ordinary, ordentlich polarisiert) Phasenanpassung sind Pump- und Signalwelle ordentlich polarisiert, und die erzeugte Idlerwelle ist außerordentlich polarisiert. Bei dieser Wechselwirkung kommt der nichtlineare Koeffizient d_{31}, welcher etwa einen Faktor $5{,}7$ kleiner als d_{33} ist, zum Tragen.

Abbildung 2.7a zeigt die parametrische Typ-eee-Verstärkung für einen bei der Pumpwellenlänge $\lambda_p = 1030$ nm gepumpten $2{,}5$ cm langen Lithiumniobat-Kristall. Um den Degenerationspunkt bei 2060 nm steigt die Verstärkungsbandbreite stark auf bis zu 300 nm bzw. 20 THz an. Durch diese Eigenschaft kann der Typ-eee-OPO nicht ohne zusätzliche frequenzfilternde Elemente nahe am Degenerationspunkt, d. h. mit Differenzfrequenzen zwischen Signal- und Idlerwelle kleiner als 20 THz, deterministisch betrieben werden und eignet sich nicht als Quelle für eine nachfolgende Differenzfrequenzmischung in den ferninfraroten Spektralbereich. Je weiter die para-

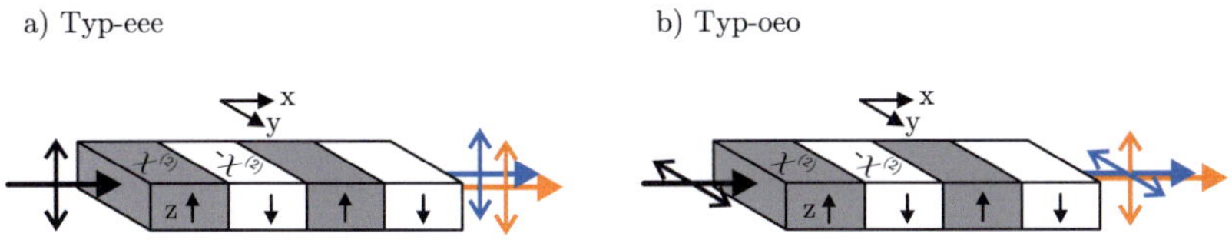

Abbildung 2.6: *Möglichkeiten der Quasiphasenanpassung in Lithiumniobat: Typ-eee-Phasenanpassung, bei der alle beteiligten Wellen außerordentlich polarisiert sind (a) und Typ-oeo-Phasenanpassung, bei der die Pumpwelle ordentlich und Signal- und Idlerwelle gekreuzt polarisiert sind (b). Die Ausbreitungsrichtung der Idlerwelle kann, wenn sie im THz-Bereich liegt, auch der Pumpwelle entgegengerichtet sein (siehe Abbildung 2.5).*

metrische Oszillation vom Entartungspunkt der Signal- und Idlerwelle entfernt ist, desto geringer ist die Bandbreite der parametrischen Oszillation. Für Idlerwellen im THz-Bereich beträgt sie nur noch einige GHz (siehe Abbildung 2.4). In dieser Arbeit wird ein Typ-eee-OPO daher zur direkten Erzeugung von THz-Wellen eingesetzt (siehe Kapitel 3).

Der Typ-oeo-OPO hat am Entartungspunkt bei den gleichen Kristallparametern eine Verstärkungsbreite von etwa 2 nm bzw. 150 GHz und lässt sich ohne Verbreiterungseffekte über den Degenerationspunkt von Signal- und Idlerwelle durchstimmen (siehe Abbildung 2.7b). Es lassen sich beliebig kleine Differenzfrequenzen zwischen Signal- und Idlerwelle einstellen, wobei die sich einstellende Differenzfrequenz noch um die Verstärkungsbreite des parametrischen Prozesses variieren kann. Dieser OPO-Typ wird daher als Quelle für eine nachfolgende Differenzfrequenzmischung zur Erzeugung von THz-Wellen eingesetzt (siehe Kapitel 4).

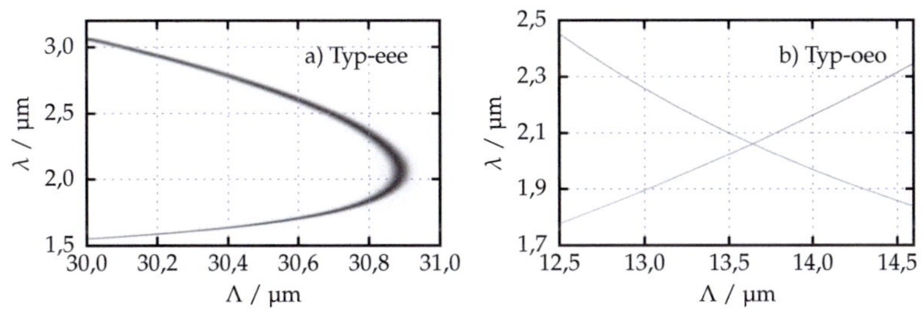

Abbildung 2.7: *Parametrische Verstärkung von Lithiumniobat in Abhängigkeit von der Wellenlänge λ und QPM-Periodenlänge Λ eines Typ-eee-OPO (a) und eines Typ-oeo-OPO (b). Die Berechnung wurde für eine Pumpwellenlänge $\lambda_p = 1030$ nm, Temperatur $T = 100$ °C und Kristalllänge $L = 2{,}5$ cm ausgeführt.*

2.2.2 Differenzfrequenzmischung in Galliumarsenid

Bei der Differenzfrequenzmischung wird in einem optisch-nichtlinearen Medium aus zwei einlaufenden Wellen mit Frequenzen $\nu_s > \nu_i$ eine Welle mit der Frequenz $\nu_{THz} = \nu_s - \nu_i$ erzeugt. Formell ist dies analog zur parametrischen Verstärkung der Signalwelle mit der Frequenz ν_i mit Hilfe der Pumpwelle der Frequenz ν_s, wobei die Idlerwelle mit der Frequenz ν_{THz} generiert wird. Es gelten die in Abschnitt 2.1 hergeleiteten Gleichungen, wobei Pump- und Signalwelle den beiden einlaufenden Wellen entsprechen und die Idlerwelle der erzeugten Welle mit der Differenzfrequenz aus Pump- und Signalwellenfrequenzen entspricht.

In dieser Arbeit wird Galliumarsenid zur Differenzfrequenzmischung eingesetzt. Galliumarsenid gehört zur kubischen Symmetriegruppe $\bar{4}3$m und besitzt ausschließlich den nichtlinearen Koeffizienten $d_{14} = d_{25} = d_{36} \equiv d_{14}$ [31]. Sind Signal- und Idlerwelle entlang der $[110]$- bzw. $[001]$-Kristallrichtung polarisiert, dann ist die im Kristall erzeugte Differenzfrequenzwelle entlang der $[110]$-Achse des Kristalls polarisiert (siehe Abbildung 2.8a) und der nichtlineare Koeffizient beträgt $d_{14} = 46$ pmV^{-1} [32]. Um auch Kristalle einzusetzen, welche länger als die Kohärenzlänge des Konversionsprozesses sind, muss der Galliumarsenidkristall ebenfalls mit einer Strukturierung zur Quasiphasenanpassung versehen werden (siehe Abschnitt 2.2). Galliumarsenid ist nicht ferroelektrisch, sodass die Kristallstruktur nicht durch ein von außen angelegtes Feld invertiert werden kann. Eine Inversion des nichtlinearen Koeffizienten kann zum Beispiel durch Drehung des Kristalls um $90\,^\circ$ um die [001]-Achse erreicht werden (siehe Abbildung 2.8b). Periodisch invertierte Strukturen können durch Wafer-Bonding [33] hergestellt oder direkt in einem epitaktischen Verfahren gewachsen werden. Die in dieser Arbeit verwendeten Proben wurden mit einer Kombination aus Molekularstrahlepitaxie und Hydridgasphasenepitaxie [25] periodisch strukturiert gewachsen und stammen von der Firma BAE Systems.

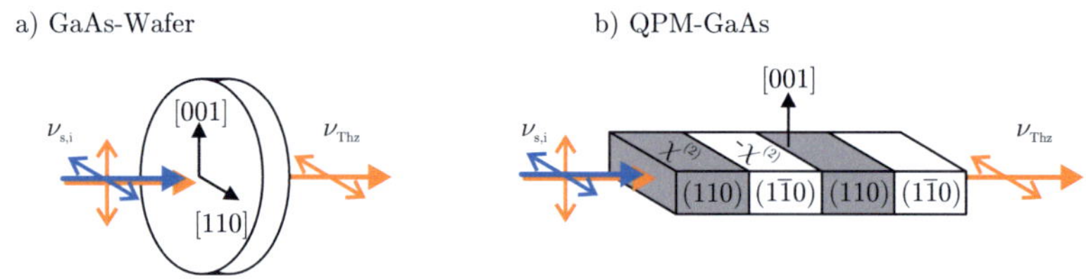

Abbildung 2.8: *Differenzfrequenzmischung in einem GaAs-Wafer (a) sowie in periodisch orientiertem GaAs (b): Signal- und Idlerwelle sind orthogonal und entlang der $[110]$ beziehungsweise $[001]$-Kristallrichtung des GaAs polarisiert. Die erzeugte THz-Differenzwelle ist dann entlang der $[110]$-Richtung polarisiert.*

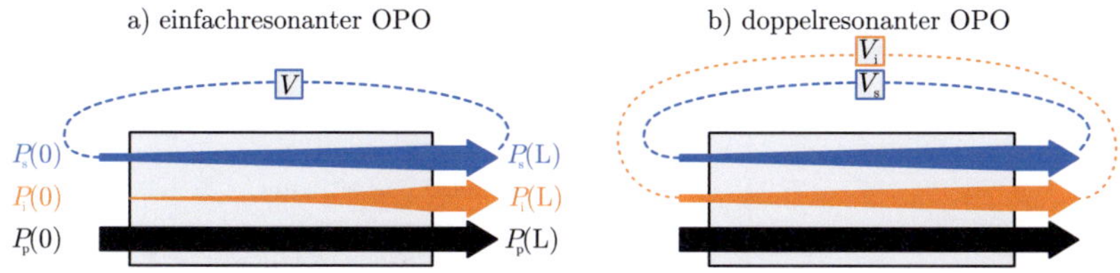

Abbildung 2.9: *Rückkopplung der verstärkten Signalwelle an den Kristallanfang, um optisch parametrische Oszillation zu erreichen (a). Die Verluste auf dem Weg zum Kristallanfang (hauptsächlich Reflexionsverluste an den verwendeten Spiegeln) sind mit V gekennzeichnet. Beim doppelresonanten OPO werden sowohl Signal- als auch Idlerwelle mit Verlusten V_s beziehungsweise V_i an den Kristallanfang zurückgekoppelt (b).*

2.3 Optisch-Parametrische Oszillation

Wird die Signalwelle über einen Resonator an den Kristallanfang zurückgekoppelt (siehe Abbildung 2.9a), so wird das Signallicht bei jedem Kristalldurchlauf erneut verstärkt. Übersteigt die im Kristall erzeugte Verstärkung die bei der Rückkopplung über Spiegel entstehenden Verluste, kann sich aus dem Rauschen ein Signal- und Idlerwellenpaar aufbauen - man spricht von optisch-parametrischer Oszillation. Die resonatorinterne Leistung der Signalwelle kann dabei ein Vielfaches der Pumpleistung erreichen. Wird neben der Signalwelle auch die Idlerwelle an den Kristallanfang zurückgekoppelt, spricht man vom doppelresonanten optisch-parametrischen Oszillator (siehe Abbildung 2.9b).

Den Wert der Pumpleistung, bei dem die Verstärkung G der Signalwelle beim Kristalldurchgang die Verluste V_s ausgleicht, nennt man Pumpschwelle P_p^{Sch}. Für den signalresonanten OPO ergibt sich:

$$G_s(L, P_p^{\mathrm{Sch}}) = \frac{V_s}{1 - V_s} \approx V_s \text{ für } \mathrm{V_s} \ll 1. \tag{2.11}$$

Durch Einsetzen von Gleichung 2.4 in 2.11 wird der Schwellwert der Pumpleistung numerisch ermittelt, da die Gleichung nicht analytisch nach $\mathcal{E}_p$ aufgelöst werden kann. Abbildung 2.10 zeigt exemplarisch die Pumpschwelle für einen bei $\lambda_p = 1030$ nm gepumpten einfachresonanten optisch-parametrischen Oszillator mit der Idlerwelle bei $\nu_{\mathrm{THz}} = 1{,}35$ THz (sonstige Parameter siehe Abbildungstext). Die Absorption bei der Frequenz 1,35 THz beträgt in Lithiumniobat etwa $\alpha_i = 40\ \mathrm{cm}^{-1}$ [27], was eine Pumpschwelle von $P_p^{\mathrm{Sch}}(1030\ \mathrm{nm} \rightarrow 1{,}35\ \mathrm{THz}) \approx 100$ W bedingt.

Ist der Resonator auch für die Idlerwelle resonant, lässt sich zeigen, dass die Pumpschwelle $P_{\mathrm{doppel}}^{\mathrm{Sch}}$ des doppelresonanten OPOs für kleine Verluste V_i der Idlerwelle in folgender Relation zur Pumpschwelle des einfachresonanten Oszillators (Gleichung 2.11) steht [17, 34]:

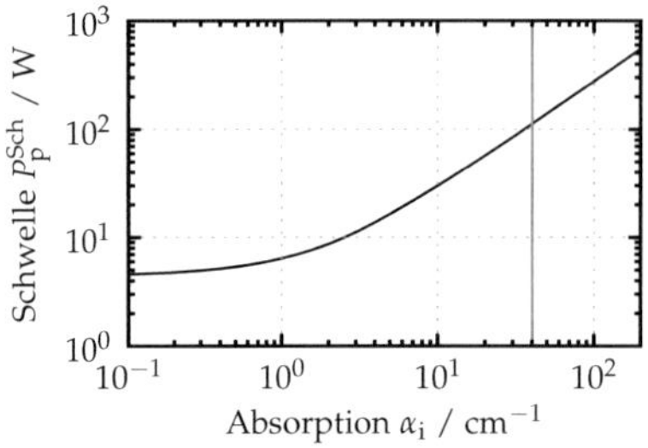

Abbildung 2.10: *Pumpschwelle für einen signalresonanten parametrischen Oszillator in Abhängigkeit von der Kristallabsorption für die nicht resonante Idlerwelle. Die verwendeten Parameter sind: $\lambda_p = 1030$ nm, $\nu_i = 1{,}35$ THz, Strahlradius $w_0 = 70$ µm und $d_{eff} = 100$ pm/V, $L = 25$ mm, Resonatorverluste $V = 1$ %. In gelb ist der Absorptionswert für die Idlerwelle in Lithiumniobat ($\alpha_i = 40$ cm^{-1}) eingezeichnet.*

$$P_{doppel}^{Sch} = P_p^{Sch} \frac{V_i}{4}. \tag{2.12}$$

Abbildung 2.11 zeigt die Pumpschwelle eines doppelresonanten parametrischen Oszillators, wobei die Verluste der Signal- und Idlerwelle als identisch angenommen wurden. Die Berechnung wurde für einen 25 mm langen Lithiumniobat-Kristall bei einer Pumpwelle von 1030 nm am Entartungspunkt vorgenommen, wie er später bei der THz-Differenzfrequenzmischung eingesetzt wird. Als effektiver nichtlinearer Koeffizient wurde $d^{eff} = 3\,\text{pmV}^{-1}$ angenommen, was der in dieser Arbeit verwendeten Typ-oeo-Konfiguration mit orthogonalen Polarisationen von Signal- und Idlerwelle entspricht. Für typische Umlaufverluste $V_s = V_i = 1$ % ergibt sich eine minimale Pumpschwelle von $P_{doppel}^{Sch} \approx 0{,}3$ W, die mit üblichen Lasern problemlos überwunden werden kann.

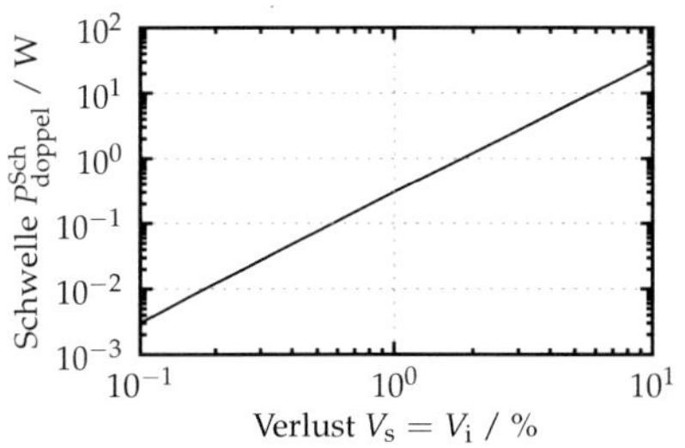

Abbildung 2.11: *Pumpschwelle für einen doppelresonanten parametrischen Oszillator in Abhängigkeit von den als gleich angenommenen Signal- und Idlerverlusten V_s und V_i beim Resonatorumlauf. Die verwendeten Parameter sind: $\lambda_p = 1030$ nm, $\lambda_s = \lambda_i = 2060$ nm, Strahlradius $w_0 = 90$ µm, $d_{eff} = 3$ pm/V und $L = 25$ mm.*

2.4 Resonante Leistungsüberhöhung eines Lasers

Trifft eine Laserwelle räumlich modenangepasst auf einen Resonator, welcher aus hochreflektiven Spiegeln aufgebaut ist, so wird zunächst der größte Teil des Lichts am Einkoppelspiegel KS (siehe Abbildung 2.12) reflektiert. Betrachtet man nun zusätzlich die Resonanzeigenschaften des Resonators, ergeben sich folgende Abhängigkeiten für die reflektierte Leistung P_p^* und die resonatorinterne Leistung P_{Res} [35]:

$$P_{\text{Res}} = P_{\text{p}} \frac{1 - R_{\text{K}}}{1 + R_{\text{K}}(1-V) - 2\sqrt{R_{\text{K}}(1-V)}\cos(2\pi(\nu-\nu_0)\frac{L}{c})} \tag{2.13}$$

$$P_{\text{p}}^* = P_{\text{p}} \frac{R_{\text{K}} + (1-V) - 2\sqrt{R_{\text{K}}(1-V)}\cos(2\pi(\nu-\nu_0)\frac{L}{c})}{1 + R_{\text{K}}(1-V) - 2\sqrt{R_{\text{K}}(1-V)}\cos(2\pi(\nu-\nu_0)\frac{L}{c})}. \tag{2.14}$$

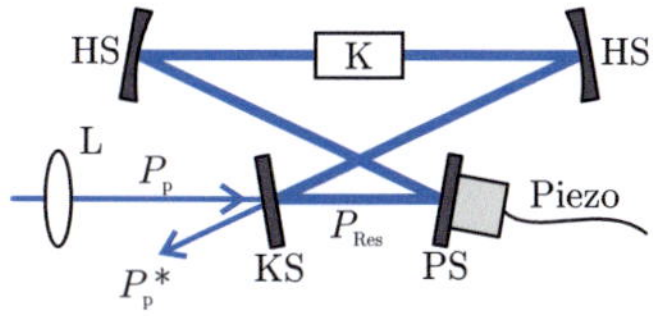

Abbildung 2.12: *Schematischer Aufbau eines Resonators aus vier Spiegeln (Hohlspiegel HS, Planspiegel PS, Koppelspiegel KS) zur Überhöhung des Pumplasers: Pumpleistung P_{p}, reflektierte Pumpleistung P_{p}^*, resonatorinterne Leistung P_{Res} und nichtlinear-optischer Kristall K. Die Linse L dient zur Anpassung der einlaufenden Welle an die Resonatormode.*

Hierbei sind P_{p} die resonatorexterne Pumpleistung, R_{K} die Reflektivität des Einkoppelspiegels, V die sonstigen Verluste pro Resonatorumlauf (also Verluste durch Transmission durch die anderen drei Resonatorspiegel, Verluste durch Reflexion am Kristall sowie Absorptionsverluste), L die optische Resonatorlänge, ν die Frequenz des eingestrahlten Laserlichts, ν_0 eine Resonanzfrequenz des Resonators und c die Lichtgeschwindigkeit im Vakuum. Die erreichbare Leistungsüberhöhung U ist gegeben durch

$$U = \frac{P_{\text{Res}}(\nu = \nu_0)}{P_{\text{p}}} \tag{2.15}$$

und die Koppeleffizienz η durch

$$\eta = 1 - \frac{P_{\text{p}}^*(\nu = \nu_0)}{P_{\text{p}}}. \tag{2.16}$$

Die maximale Leistungsüberhöhung und Koppeleffizienz von $\eta = 100\,\%$ wird erreicht, wenn die Transmission des Einkopplers gleich den sonstigen Verlusten ist, also $R_{\text{K}} = V$.

Eine weitere, direkt durch Messung zugängliche Größe ist die Finesse F, welche als Quotient aus dem freiem Spektralbereich FSR und der Halbwertsbreite Δ_{FWHM} definiert ist und für Gesamtverluste unter 10 % genähert werden kann [35]:

$$F = \frac{FSR}{\Delta_{\text{FWHM}}} \approx \frac{\pi\left(R_{\text{K}}(1-V)\right)^{-4}}{1 - \sqrt{R_{\text{K}}(1-V)}}. \tag{2.17}$$

Durch Messung der Finesse lassen sich bei bekannter Reflektivität R_{K} des Einkopplers die restlichen Verluste V bestimmen und lässt sich mit Hilfe der Gleichung 2.15 die resonatorinterne Leistung berechnen. Abbildung 2.13 zeigt exemplarisch den Verlauf der reflektierten Pumpleistung sowie der resonatorinternen Leistung beim Verstimmen des Pumplasers oder des Resonators. Mit einer Transmission des Einkopplers von 1 % und sonstigen Verlusten von $0{,}5$ % lassen sich so eine Finesse von $F = 417$, eine Koppeleffizienz von $\eta = 89$ % sowie eine Leistungsüberhöhung von $U = 178$ erreichen.

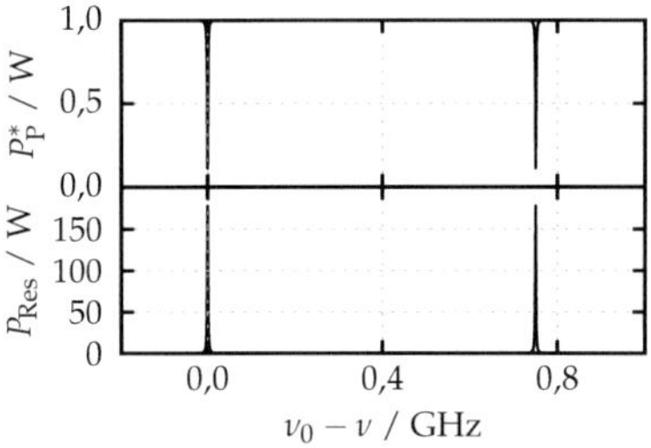

Abbildung 2.13: *Exemplarischer Verlauf der reflektierten Pumpleistung sowie der resonatorinternen Leistung für folgende Parameter:* $P_{\mathrm{p}} = 1$ *W,* $R_{\mathrm{K}} = 99$ %, $V = 0{,}5$ %, $L = 0{,}4$ *m.*

2.5 Thermische Effekte

Da in den in dieser Arbeit verwendeten Resonatoren hohe Leistungen von mehreren 100 W umlaufen, können auch kleine Restabsorptionen in den verwendeten nichtlinearen Kristallen zu einer lokalen Erwärmung des Kristallmaterials führen. Der Einfluss dieser Erwärmung auf den Resonator wird in diesem Abschnitt theoretisch analysiert.

2.5.1 Thermische Linse

Trifft eine Welle mit Strahlradius w_0, Gaussförmiger Intensitätsverteilung in Abhängigkeit vom Abstand r vom Strahlzentrum

$$I(r) = I_0 e^{-\frac{2r^2}{w_0^2}} \tag{2.18}$$

und Gesamtleistung P_{Res} auf ein schwach absorbierendes Medium mit Wärmeleitfähigkeit K, Länge L und Absorptionskoeffizient α so wird die Leistung P_{H}

$$P_{\mathrm{H}} = \left(1 - e^{-\alpha L_{\mathrm{k}}}\right) P_{\mathrm{Res}} \tag{2.19}$$

absorbiert. Das im thermischen Gleichgewicht entstehende transversale Temperaturprofil lässt sich in differentieller Form schreiben als [36, 37]

$$\frac{dT}{dr}(r) = -\frac{P_{\mathrm{H}}}{2\pi r K L}\left(1 - e^{\frac{-2r^2}{w_0^2}}\right). \tag{2.20}$$

Durch Integration erhält man die lokale Temperaturänderung $\Delta T(r)$, wobei die Temperatur am Kristallrand bei $|r| = a$ auf den durch einen Ofen vorgegebenen Wert T_0 festgelegt wird, d. h. $\Delta T(|r| = a) = 0$:

$$\Delta T(r) = \int_{-a}^{r} \frac{dT}{dr}(R)dR. \tag{2.21}$$

Abbildung 2.14 zeigt das durch einen GAUSSstrahl mit Strahlradius w_0 erzeugte transversale thermische Profil in einem Kristall der Wärmeleitfähigkeit K, wenn auf der Strecke L die Leistung P_{H} absorbiert wird. Als Randbedingung wurde angenommen, dass die Temperatur in einem Abstand von $r = 10 \times w_0$ von der Strahlmitte durch einen Ofen konstant gehalten wird.

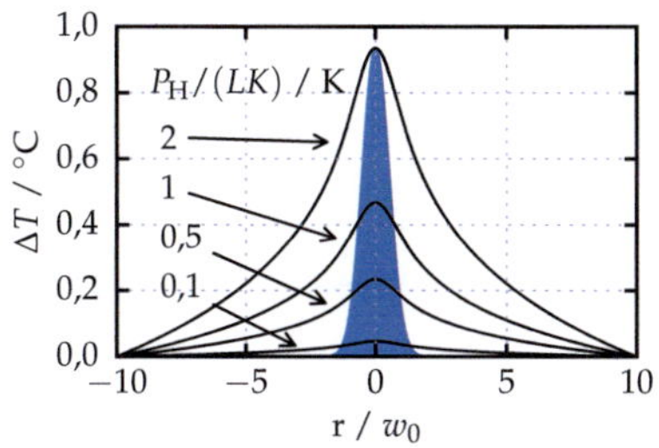

Abbildung 2.14: *Durch den GAUSSstrahl mit Strahlradius w_0 (schattierter Bereich) erzeugtes Temperaturprofil für verschiedene Werte von $P_{\mathrm{H}}/(KL)$. Die Temperatur wird in einer Entfernung von $a = 10 \times w_0$ vom Strahlzentrum als konstant angenommen.*

Das Temperaturprofil erzeugt hauptsächlich über den thermo-optischen sowie den photoelastischen Effekt eine Brechungsindexänderung, sodass die einlaufende Welle nach dem Kristalldurchgang mit einer räumlich abhängigen Phasenänderung $\Phi(r)$ beaufschlagt wird:

$$\Phi(r) = \Phi_{\mathrm{to}}(r) + \Phi_{\mathrm{pe}}(r). \tag{2.22}$$

Die durch die thermische Brechungsindexänderung induzierte Phasenänderung lässt sich mit der Wellenlänge λ des Lichts über den thermo-optischen Koeffizienten dn/dT des Materials berechnen:

$$\Phi_{\mathrm{to}}(r) = \frac{dn}{dT}\frac{L2\pi}{\lambda}\Delta T(r). \tag{2.23}$$

Auch der photoelastische Effekt führt über die thermische Ausdehnung zu einer optischen Weglängenänderung, welche sich im Fall des kubischen GaAs mit dem photoelastischen Koeffizienten p_{11} und dem linearen Ausdehnungskoeffizienten β abschätzen lässt durch [31]

$$\Phi_{\mathrm{pe}}^{\mathrm{GaAs}}(r) \approx -\frac{n^3}{2} p_{11}\beta\frac{L2\pi}{\lambda}\Delta T(r). \tag{2.24}$$

Mit den Werten für GaAs ergibt sich bei Raumtemperatur und einer Wellenlänge von $\lambda = 1$ µm ein Verhältnis von

$$\frac{\Phi_{\mathrm{to}}}{\Phi_{\mathrm{pe}}^{\mathrm{GaAs}}} \approx 14. \tag{2.25}$$

Für die Berechnung der thermischen Linse in GaAs kann der photoelastische Effekt daher vernachlässigt werden.

In Lithiumniobat führt der photoelastische Effekt bei Ausbreitung entlang der x-Achse zu einer Phasenänderung für die außerordentlich polarisierte Welle von [31]

$$\Phi_{\mathrm{pe}}^{\mathrm{LN}}(r) \approx -\frac{n^3}{2}(p_{33}\beta_z + p_{31}\beta_y)\frac{L2\pi}{\lambda}\Delta T(r). \tag{2.26}$$

Hierbei sind β_y und β_z die linearen Ausdehnungskoeffizienten entlang der y- und z-Achse. Mit den Werten für Lithiumniobat ergibt sich das Verhältnis

$$\frac{\Phi_{\mathrm{to}}}{\Phi_{\mathrm{pe}}^{\mathrm{LN}}} \approx -2{,}5. \tag{2.27}$$

Der photoelastische Effekt ist demnach gegenüber dem thermo-optischen Effekt nicht vernachlässigbar und wird bei den Rechnungen berücksichtigt.

Um den Einfluss der thermischen Linse auf einen GAUSSstrahl zu quantifizieren, wird der zwischen dem Strahlzentrum und beim $1/e^2$-Radius w_0 induzierte Phasenunterschied als Stärke der thermischen Linse eingeführt:

$$\Delta\Phi = \Phi(0) - \Phi(w_0). \tag{2.28}$$

Bei den in dieser Arbeit verwendeten Lasern und Resonatoren kann davon ausgegangen werden, dass die transversale Feldverteilung ohne thermische Störung durch die LAGUERRE-Gauss-Grundmode TEM_{00} [38] beschrieben wird. Die transversale Feldverteilung dieser Grundmode unter Berücksichtigung der thermisch induzierten Phasenverschiebung $\Phi(r)$ (siehe Gleichung 2.22) ist am Ort der Strahltaille gegeben durch [38]

$$\mathcal{E}(r) = \mathcal{E}_0 e^{-\frac{r^2}{w_0^2} + i\Phi(r)}. \tag{2.29}$$

Die Leistungskopplung $\mathcal{K}$ zwischen zwei Strahlen mit beliebiger Feldverteilung $\mathcal{E}_{\mathrm{a}}(r)$ und $\mathcal{E}_{\mathrm{b}}(r)$ kann durch das Quadrat des zweidimensionalen Feldkopplungskoeffizienten c_{ab} [38] beschrieben werden:

$$\mathcal{K} = |c_{\mathrm{ab}}|^2 = \left| \frac{4}{w_{0,a} w_{0,b} \mathcal{E}_{0,a} \mathcal{E}_{0,b}} \int_0^\infty \mathcal{E}_{\mathrm{a}}^*(r) \mathcal{E}_{\mathrm{b}}(r) r dr \right|^2. \tag{2.30}$$

Abbildung 2.15 zeigt, wie die Leistungskopplung der thermisch verzerrten Grundmode 2.29 an die LAGUERRE-Gauss-Moden TEM_{00} und TEM_{10} ("Doughnut-Mode") von der Stärke $\Delta\Phi$ der thermischen Linse abhängt. Die Kopplung an die Grundmode fällt mit zunehmender Linsenstärke ab, wobei die Kopplung an TEM_{10} ein Maximum bei $\Delta\Phi = 0{,}8\,\pi$ hat.

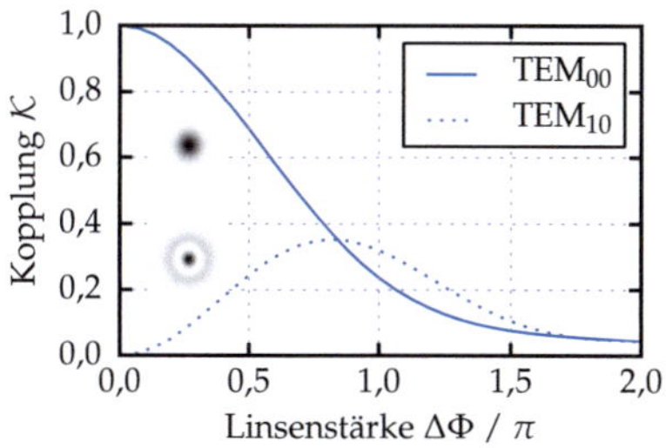

Abbildung 2.15: *Leistungskopplungs-Koeffizient $\mathcal{K}$ einer thermisch verzerrten GAUSS-Mode an die unverzerrten LAGUERRE-GAUSS-Moden TEM_{00} und TEM_{10}.*

2.5.2 Thermische Effekte im Überhöhungsresonator

Durch die hohe mögliche Leistung im Überhöhungsresonator führen auch kleine Restabsorptionen im nichtlinearen Kristall zu einer Erwärmung ΔT und haben über den thermischen Ausdehnungskoeffizienten in Ausbreitungsrichtung β_x sowie die Temperaturabhängigkeit dn/dT des Brechungsindex eine Auswirkung auf die Resonanzfrequenzen des Resonators [39]. Resonante Wellenlängen erfüllen die Bedingung

$$\begin{aligned} \lambda_0 N &= L_\mathrm{A} + nL_\mathrm{K} \\ &= L_\mathrm{A0} - \epsilon\Delta T L_\mathrm{K0} + \left(n_0 + \frac{dn}{dT}\Delta T\right)(1+\epsilon\Delta T)\,L_\mathrm{K0}. \end{aligned} \tag{2.31}$$

Hierbei sind L_A die Länge des Strahlwegs in Luft im Resonator und L_K die Kristalllänge. Die mit 0 indizierten Größen bezeichnen die jeweilige Länge bei $\Delta T = 0$. Der Brechungsindex des Kristallmaterials ist mit n bezeichnet, ΔT ist die Erwärmung des Kristalls durch Absorption und $N \in \mathbb{N}$. Unter Vernachlässigung höherer Ordnungen in ΔT ergibt sich für die resonante Wellenlänge:

$$\lambda_0(\Delta T) = \lambda_0\,(1 + a\Delta T)\,, \tag{2.32}$$

$$\text{mit } a = \frac{L_\mathrm{K0}}{L_\mathrm{A0} + n_0 L_\mathrm{K0}}\left((n_0 - 1)\epsilon + \frac{dn}{dT}\right). \tag{2.33}$$

Legt man eine LORENTZ-Linienform der Resonatormoden zu Grunde, lässt sich im thermischen Gleichgewicht der vom Kristall aufgenommenen und abgegebenen Leistungen Q'_Auf und Q'_Ab folgende Gleichung aufstellen (siehe auch Abbildung 2.17):

$$\begin{aligned} Q'_{\mathrm{Auf}} &= Q'_{\mathrm{Ab}} \\ \frac{P_{\mathrm{H}}}{4\left(\lambda_{\mathrm{p}}-\lambda_0(\Delta T)\right)^2 \Delta\lambda^{-2}+1} &= R_{\mathrm{th}}\Delta T. \end{aligned} \tag{2.34}$$

Hierbei ist R_{th} der thermische Widerstand zwischen dem geheizten Kristallvolumen und seiner Umgebung, $\Delta\lambda$ die volle Halbwertsbreite der Resonatormoden, λ_{p} die Wellenlänge des Pumplasers und P_{H} die maximale Heizleistung, welche sich aus Pumpleistung, Überhöhung, Kristallabsorption α und Kristalllänge bestimmt:

$$P_{\mathrm{H}} = \left(1-e^{-\alpha L_{\mathrm{k}}}\right) U P_{\mathrm{p}}. \tag{2.35}$$

Gleichung 2.34 ist kubisch in ΔT und hat für jede Pumpwellenlänge λ_{p} bis zu drei Lösungen. Die für diese Arbeit relevante Lösung ist die mit größtem ΔT, weil es sich dabei um den Zustand der thermischen Selbststabilisierung handelt [39]. In diesem Zustand liegt die Pumpwellenlänge auf der kurzwelligen Flanke der Resonanz. Wandert die Pumpwellenlänge durch eine externe Störung näher an die Resonanz heran, erhöht sich die resonatorinterne Leistung, der Kristall wird wärmer und die Resonanz entfernt sich weiter von der Pumpwelle, sodass die Störung kompensiert wird und die resonatorinterne Leistung nahezu gleich bleibt (siehe Abbildung 2.17). Eine Behandlung der weiteren Lösungen findet sich in [39].

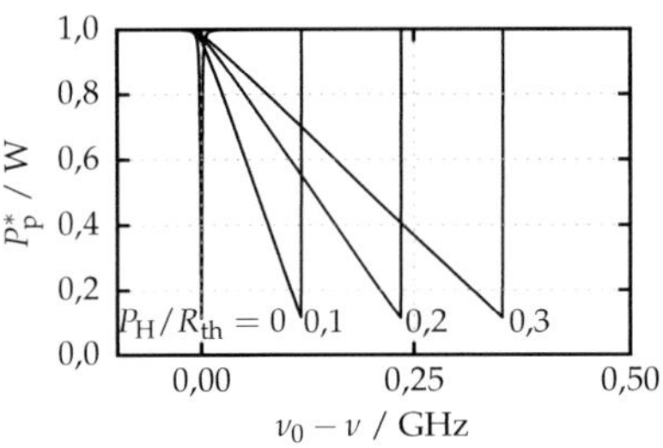

Abbildung 2.16: *Durch Absorption im Kristallmaterial verzerrte Resonatormoden für verschiedene Werte von $P_{\mathrm{H}}/R_{\mathrm{th}}$ in °C im Grenzfall eines langsamen Scans des Lasers oder Resonators. Die optische Resonatorlänge beträgt 40 cm, und es befindet sich ein 2,5 cm langer Kristall mit Ausdehnungskoeffizient $\beta_x = 14{,}4 \times 10^{-6}$ K^{-1} und $dn/dt = 5{,}1 \times 10^{-5}$ K^{-1} im Resonator. Dies sind typische Werte für Lithiumniobat (siehe Tabelle 2.1).*

Durch Einsetzen der Lösung von Gleichung 2.34 in 2.32 erhält man die aufgrund der thermischen Effekte verschobene Resonanzfrequenz des Resonators und kann mit Hilfe von Gleichung 2.14 die Modenstruktur simulieren, die sich bei einem langsamen Scan des Resonators oder des Pumplasers - durch Verringerung der Resonatorlänge oder Erhöhung der Laserwellenlänge - zeigt (siehe Abbildung 2.16). Nähert sich die Laserwellenlänge einer Resonanz, so steigt die resonatorinterne Leistung und führt zur Aufheizung des Kristalls. Dadurch „schiebt" die Laserwellenlänge die Resonanzwellenlänge vor sich her, bis sich ein thermisches Gleichgewicht einstellt, welches geringe Störungen von selbst ausgleichen kann. Die Verschiebung oder Verbreiterung der Resonatormoden kann größer als ein freier Spektralbereich werden, sodass die Resonatormoden überlappen und bei jeder Resonatorlänge Licht in den Resonator eingekoppelt ist. Diese thermische Selbststabilisierung wird ausgenutzt, um den Resonator ohne aktive elektronische Schaltung auf den Pumplaser zu stabilisieren [39].

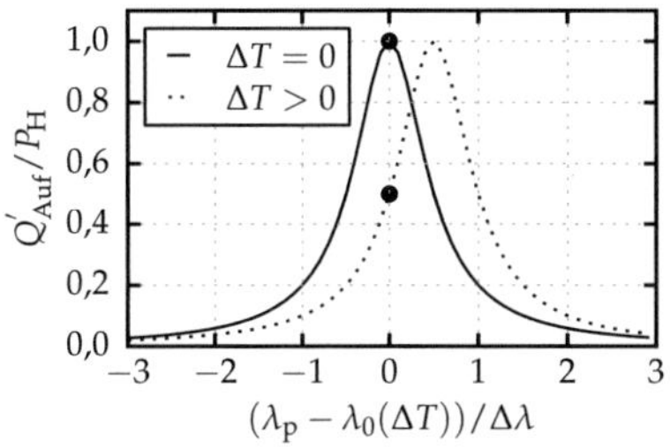

Abbildung 2.17: *Vom Kristall aufgenommene Leistung Q'_{Auf} in Abhängigkeit von der Verstimmung zwischen Pumplaser und Resonanzwellenlänge des Resonators für Kristallerwärmungen $\Delta T = 0$ und $\Delta T > 0$. Durch Erwärmung des Kristalls wird die Resonanz zu höheren Wellenlängen verschoben und bei der gleichen Pumpwellenlänge weniger Licht eingekoppelt.*

2.6 Materialien für nichtlinear-optische Erzeugung von Terahertzwellen

Für die nichtlinear-optische Erzeugung von Dauerstrich-THz-Wellen geeignete Materialien müssen einen großen nichtlinearen Koeffizienten und eine geringe Absorption der infraroten und THz-Wellen besitzen. Außerdem ist die Möglichkeit zur Phasenanpassung des Konversionsprozesses zum Beispiel über Quasiphasenanpassung von essentieller Bedeutung. Unter den in Frage kommenden Kristallen besitzt Lithiumniobat den höchsten nichtlinearen Koeffizienten in der Größenordnung 160 pmV^{-1} [32] und ist außerdem in sehr guter Qualität mit nahezu beliebiger Strukturierung zur Quasiphasenanpassung kommerziell erhältlich. Ein zweites Material, welches in den letzten Jahren kommerzialisiert wurde, ist zur Quasiphasenanpassung periodisch orientiertes Galliumarsenid. Der nichtlineare Koeffizient ist zwar um einen Faktor $3{,}5$ kleiner als der von Lithiumniobat, allerdings ist auch die Absorption im THz-Bereich um ein bis zwei Größenordnungen niedriger.

2.6.1 Lithiumniobat

Das verwendete 5 mol-% magnesiumdotierte Lithiumniobat besitzt bei den in dieser Arbeit auftretenden nah- und mittelinfraroten Wellenlängen im Bereich von $\lambda \approx 1 - 2$ µm eine hohe Transparenz ($\alpha < 10^{-3}$ cm^{-1} [40]) und einen Brechungsindex von etwa $n \approx 2$ (siehe Abbildung 2.18). Verursacht durch Phononresonanzen bei 40 µm ($7{,}5$ THz) und 16 µm (19 THz) [41] steigt der Absorptionskoeffizient im THz-Bereich stark an und kann nicht mehr vernachlässigt werden. Der Brechungsindex nimmt dabei Werte um $n_{\mathrm{THz}} = 5$ an.

Sellmeiergleichung für den nah- und mittelinfraroten Bereich

Für die Berechnung des Durchstimmverhaltens der optisch-parametrischen Oszillatoren müssen Temperatur- und Wellenlängenhabhängigkeit des Brechungsindex genau bekannt sein. Für 5 mol-% magnesiumdotierte Kristalle gibt es in der Literatur mehrere empirisch bestimmte Sellmeiergleichungen für den außerordentlichen Brechungsindex, von denen hier zwei hervorgehoben werden sollen: Die von GAYER et al. veröffentlichte Sellmeiergleichung mit einem Gültigkeitsbereich von $0{,}5 - 4$ µm ([42] mit Erratum [43]) sowie die von PAUL et al. veröffentlichte [44] mit einem Gültigkeitsbereich von $1{,}3 - 5$ µm.

Die von GAYER veröffentlichte Gleichung sagt das Durchstimmverhalten von parametrischen Typ-eee-Konversionsprozessen innerhalb ihres Gültigkeitsbereichs hervorragend voraus [45]. Allerdings ist die mit dieser Gleichung berechnete Temperaturabhängigkeit des absoluten Brechungsindex dn/dT um einen Faktor $6 - 8$ höher als der in anderen Publikationen ermittelte Wert (z. B. von SHEN et al. [46] über minimale Abweichung beim Durchgang durch ein Prisma und von PAUL et al. [44] über Phasenanpassung der parametrischen Oszillation). Die Ursache der Abweichung liegt in der Bestimmungsmethode des Brechungsindex über die Phasenanpassungsbedingung der optisch-parametrischen Oszillation (Gleichung 2.8): Das Erreichen der Phasenanpassung hängt hauptsächlich von den Differenzen der Brechungsindizes bei den beteiligten Wellenlängen ab und nicht von den Absolutwerten. Hieraus ergibt sich eine große Fehlertoleranz gegenüber absoluten Abweichungen des Brechungsindex, sodass die von dieser Sellmeiergleichung vorhergesagten Absolutwerte nicht unbedingt mit dem realen Brechungsindex übereinstimmen. Folglich kann die von GAYER ermittelte Sellmeiergleichung nicht mit anderen Sellmeiergleichungen (z. B. für den THz-Bereich oder für ordentlich polarisierte Wellen) kombiniert werden und wird deshalb in dieser Arbeit nicht berücksichtigt.

Die von PAUL et al. veröffentlichte Sellmeiergleichung für den außerordentlichen Brechungsindex in 5 mol-% magnesiumdotiertem Lithiumniobat [44] stimmt mit den von SHEN et al. veröffentlichten Werten [46] über den gemessenen Temperaturbereich bis auf eine maximale Abweichung von 6×10^{-4} überein. Die von den Autoren angegebene untere Gültigkeitsgrenze von $1{,}3$ µm ist sehr vorsichtig gewählt, da in die Bestimmung der Brechungsindizes Wellenlängen bis $1{,}06$ µm involviert sind und die Differenz zu SHEN et al. auch bei einer Wellenlänge von $1{,}08$ µm nur 6×10^{-4} beträgt. Die von PAUL et al. veröffentlichte Sellmeiergleichung wird in dieser Arbeit daher zur Bestimmung des außerordentlichen Brechungsindex zwischen 1 µm und 5 µm verwendet.

Für den ordentlichen Brechungsindex in 5 mol-% magnesiumdotiertem Lithiumniobat haben YAO et al. [47] sowie GAYER et al. [42] eine temperaturabhängige Sellmeiergleichung veröffentlicht. Da die veröffentlichten Werte von GAYER auf Messungen in einem sehr kleinen Wellenlängenbereich zwischen $1{,}61$ µm und $1{,}62$ µm beruhen und die Temperaturabhängigkeit des in der gleichen Arbeit ermittelten außerordentlichen Brechungsindex starke Abweichungen von der in anderen Veröffentlichungen beschriebenen zeigt, wird im Folgenden die Sellmeiergleichung von YAO zur Berechnung des ordentlichen Brechungsindex verwendet. Der Gültigkeitsbereich wird mit $400 - 4000$ nm bei Temperaturen zwischen Raumtemperatur und 400 °C angegeben. Die Abweichung zum Referenzwert von SHEN ist bei Wellenlängen zwischen 1 µm und $1{,}3$ µm etwa 8×10^{-3} und damit um einen Faktor 10 größer als die des außerordentlichen Brechungsindex.

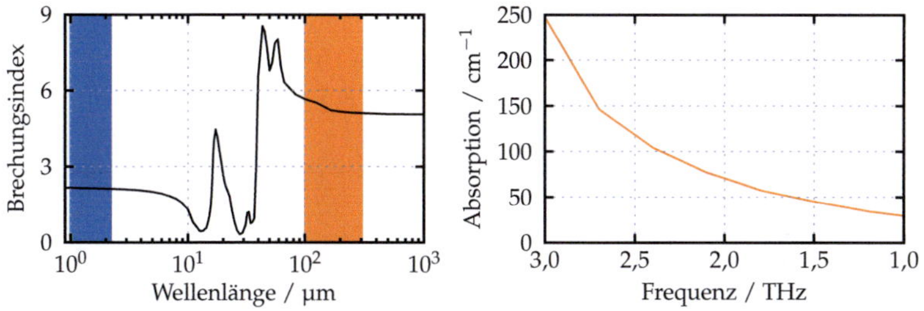

Abbildung 2.18: *Brechungsindex [48] der außerordentlich polarisierten Welle sowie Absorption [27] im THz-Bereich für Lithiumniobat. Die farbig schattierten Bereiche zeigen die in dieser Arbeit auftretenden Wellenlängen der Pump-, Signal- (blau) und Idlerwellen (gelb).*

Sellmeiergleichung für den THz-Bereich

Im THz-Bereich ist keine temperaturabhängige Sellmeiergleichung für 5 mol-% magnesiumdotiertes Lithiumniobat bekannt. Die Publikation von KUZNETSOV et al. [49] gibt den Realteil der dielektrischen Funktion im Bereich von $0{,}5 - 6{,}5$ THz an, allerdings kann daraus aufgrund der nicht vernachlässigbaren Absorption nicht direkt der Brechungsindex berechnet werden, und die Angabe einer Temperatur fehlt. PALFALVI et al. geben den Brechungsindex im Frequenzbereich $0{,}9 - 5{,}4$ THz für $6{,}1$ mol-% magnesiumdotiertes Lithiumniobat an. Abgesehen von der leicht unterschiedlichen Kristalldotierung ist der Gültigkeitsbereich auf $10 - 300$ K eingeschränkt und beinhaltet daher nicht die für diese Arbeit relevante Temperaturspanne von $20 - 200$ °C. In der vorliegenden Arbeit wird daher eine temperaturabhängige Sellmeiergleichung für den Terahertzbereich aus dem gemessenen Durchstimmverhalten des THz-OPO abgeleitet, wobei die Brechungsindizes der Pump- und Signalwelle als bekannt angenommen werden.

Nichtlinearer Koeffizient

Der nichtlineare Koeffizient d ist von den am Konversionsprozess beteiligten Wellen abhängig und lässt sich näherungsweise aus den Brechungsindizes der beteiligten Wellen berechnen [50]

Tabelle 2.1: wichtige Parameter von $LiNbO_3$

Physikalische Größe	Symbol	Wert
Wärmeleitfähigkeit	K	$4{,}2\ \mathrm{Wm^{-1}K^{-1}}$ [53]
photoelastischer Koeffizient	p_{31}	$0{,}141$ [54]
	p_{33}	$0{,}118$ [54]
Ausdehnungskoeffizient	β_x	$1{,}44 \times 10^{-5}\ \mathrm{K^{-1}}$ [52]
	β_y	$1{,}54 \times 10^{-5}\ \mathrm{K^{-1}}$ [52]
	β_z	$7{,}5 \times 10^{-6}\ \mathrm{K^{-1}}$ [52]
nichtlinearer Koeffizient	d_{33}(IR)	$27\ \mathrm{pmV^{-1}}$ [30]
	d_{33}(THz)	$\approx 160\ \mathrm{pmV^{-1}}$ [51]
	d_{31}(IR)	$4{,}3\ \mathrm{pmV^{-1}}$[30]

$$d = d_0 \chi_{\mathrm{p}}^{(1)} \chi_{\mathrm{s}}^{(1)} \chi_{\mathrm{i}}^{(1)}. \tag{2.36}$$

Hierbei ist $\chi_{\mathrm{p,s,i}}^{(1)} = n_{\mathrm{p,s,i}}^2 - 1$ die lineare Suszeptibilität des Materials bei der jeweiligen Wellenlänge und d_0 eine Materialkonstante. Für Frequenzkonversionsprozesse im nah- und mittelinfraroten Bereich hat Lithiumniobat einen nichtlinearen Koeffizienten von $d_{33} = 27$ pm/V und $d_{31} = 4{,}3$ [30]. Liegt eine der beteiligten Wellen im Terahertzbereich, so steigt der nichtlineare Koeffizient durch den hohen Brechungsindex gemäß Gleichung 2.36 auf einen Wert von etwa $d_{33}^{\mathrm{THz}} \approx 160$ pm/V [51].

Kristallausdehnung

Neben der Temperaturabhängigkeit des Brechungsindex wird auch die thermische Ausdehnung des Kristalls, welche die Polungsperiodenlänge des Materials beeinflusst, berücksichtigt. Die temperaturabhängige Periodenlänge ist gegeben durch [44]

$$\Lambda(T) = \Lambda\left(1 + 1{,}44 \times 10^{-5}(T - 19\ ^\circ\mathrm{C}) + 7{,}1 \times 10^{-9}(\mathrm{T} - 19\ ^\circ\mathrm{C})^2\right). \tag{2.37}$$

Hierbei werden der lineare und quadratische Ausdehnungskoeffizient von Lithiumniobat [52] in x-Kristallrichtung, welche die Ausbreitungsrichtung der Wellen ist, verwendet, und es wird eine Referenztemperatur von $19\ ^\circ\mathrm{C}$ [44] angenommen.

Die für diese Arbeit relevanten Kristallparameter von Lithiumniobat sind in Tabelle 2.1 zusammengefasst.

2.6.2 Galliumarsenid

Galliumarsenid ist nicht doppelbrechend und besitzt im infraroten Bereich nahezu den gleichen Brechungsindex wie im THz-Bereich (siehe Abbildung 2.19). Die Brechungsindizes im infraroten Spektralbereich werden der Sellmeiergleichung von SKAULI et al. [55] mit einem Gültigkeitsbereich über den gesamten Transparenzbereich von 1 µm bis 17 µm entnommen. Die Brechungsindizes im THz-Bereich werden der Veröffentlichung von JOHNSON et al. [56] entnommen, welche einen Gültigkeitsbereich von 1 THz bis 24 THz angibt. Diese Sellmeiergleichung ist nicht temperaturabhängig, sondern gilt nur für Raumtemperatur. In der vorliegenden Arbeit werden die GaAs-Kristalle auf Raumtemperatur oder 15 °C konstant gehalten, sodass keine Temperaturabhängigkeit benötigt wird.

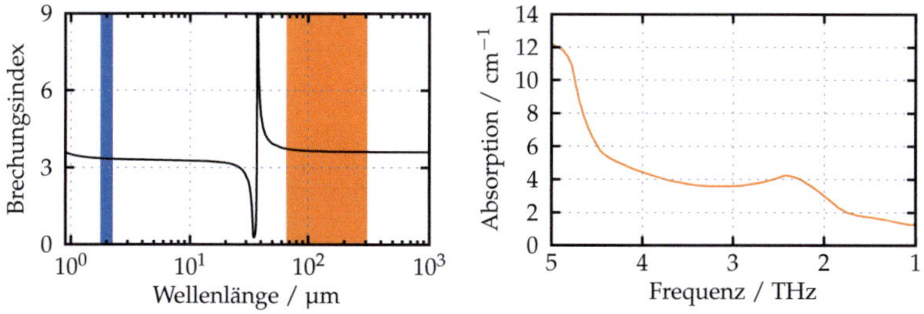

Abbildung 2.19: *Brechungsindex [48] sowie Absorption im THz-Bereich [57] für Galliumarsenid. Die farbig schattierten Bereiche zeigen die in der vorliegenden Arbeit auftretenden Wellenlängenbereiche der infraroten (blau) und THz-Wellen (gelb).*

Verglichen mit Lithiumniobat ist die Absorption im THz-Bereich etwa um einen Faktor 20 kleiner und nimmt Werte zwischen 1 und 12/cm für Frequenzen bis 5 THz an [57].

Der nichtlineare Koeffizient für Konversionen in den THz-Bereich beträgt d^{14} = 46,1 pm/V [32] und ist damit 3,5-fach kleiner als der von Lithiumniobat.

Die für die vorliegende Arbeit relevanten Kristallparameter von Galliumarsenid sind in Tabelle 2.2 zusammengefasst.

Tabelle 2.2: wichtige Parameter von GaAs

Physikalische Größe	Symbol	Wert
Wärmeleitfähigkeit	K	44 $Wm^{-1}K^{-1}$ [58]
photoelastischer Koeffizient	p_{11}	$-0{,}165$ [59]
Ausdehnungskoeffizient	β	$6{,}86 \times 10^{-6}$ K^{-1} [60]
nichtlinearer Koeffizient	d_{14}	46,1 pmV^{-1} [32]

3 Kapitel Direkte Terahertz-Erzeugung im pumpüberhöhten OPO

Die Durchstimmbarkeit eines optisch-parametrischen Oszillators ist zunächst nur durch die Pumpschwelle begrenzt, welche aufgrund steigender Verluste der resonanten Wellen am Rand des Durchstimmbereichs die zur Verfügung stehende Pumpleistung überschreitet. Diese Verluste sind hauptsächlich Reflexionsverluste an den Resonatorspiegeln, da die nötigen dielektrischen Beschichtungen eine begrenzte Bandbreite haben, sowie Absorptionsverluste im nichtlinearen Kristallmaterial. Letzteres führt dazu, dass die Pumpschwelle für einen Lithiumniobat-basierten OPO mit der Idlerwelle im Terahertz-Bereich bei einigen hundert Watt, das heißt jenseits der Leistung verfügbarer Pumplaser, liegt [24]. Durch resonante Überhöhung ist es allerdings möglich, innerhalb eines Resonators ein Vielfaches der Leistung des einfrequenten Pumplasers zu erreichen. So kann die Pumpschwelle auch mit kommerziell erhältlichen Lasern überwunden werden. Die Experimente zur direkten Erzeugung von Terahertz-Wellen mit THz-OPOs werden in diesem Kapitel beschrieben.

3.1 Experimentelle Methoden

3.1.1 Aufbau

Der Überhöhungsresonator für die Pumpwelle (siehe Abbildung 3.1) besteht aus zwei Hohlspiegeln mit Krümmungsradius 100 mm ($R > 99{,}99$ %) und zwei Planspiegeln, welche einen gefalteten Ringresonator mit einem freien Spektralbereich von $FSR = 680$ MHz und zwei Foki ($\omega_0 = 70$ µm im nichtlinearen Kristall und $\omega_0 = 111$ µm zwischen den Planspiegeln) bilden (siehe Abbildung 3.2). Der Abstand zwischen den Hohlspiegeln beträgt für $2{,}5$ cm lange Lithiumniobatkristalle $16{,}9$ cm und wird für 5 cm lange Lithiumniobatkristalle auf $18{,}2$ cm vergrößert, um die Größe der Foki konstant zu halten. Der Weg zwischen den Hohlspiegeln über die Planspiegel ist für beide Kristallkonfigurationen 24 cm lang.

Zur Längenkontrolle des Resonators ist ein Planspiegel mit einem Piezoaktor verschiebbar. Der hochreflektierende Planspiegel hat eine Reflektivität von $R > 99{,}95$ %, und der zur Einkopplung genutzte Planspiegel hat eine Transmission von $0{,}6$ % für die Pumpwelle. Die Verluste im Resonator addieren sich - ohne Einkoppler - auf etwa $0{,}4 - 0{,}8$ %, sodass gemäß den Herleitungen in Abschnitt 2.4 Finessen von $400 - 600$ mit Leistungsüberhöhungen von $120 - 220$ erreichbar sind (siehe Abbildung 3.3). Die theoretisch erreichbare Koppeleffizienz beträgt $95 - 99$ %. Da die im parametrischen Prozess erzeugte Signalwelle sich in der Wellenlänge um weniger als 15 nm von der

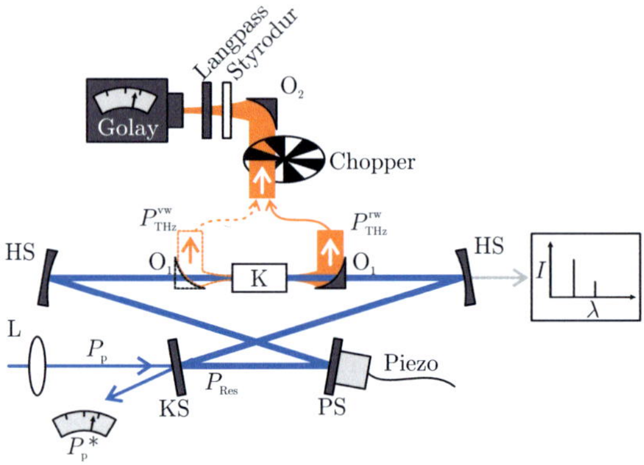

Abbildung 3.1: *Schematischer Aufbau des pumpresonanten optisch-parametrischen Oszillators: L: Einkoppellinse, K: Einkoppelspiegel, PS: Planspiegel, HS: Hohlspiegel, K: Kristall. Die THz-Idlerwelle wird mit zwei Off-Axis-Parabolspiegeln $O_{1,2}$ über einen Chopper und zwei Filter auf die Golayzelle fokussiert. Die Symbole P_p, P_p^*, P_{Res}, P_{THz}^{vw} und P_{THz}^{rw} bezeichnen die einfallende Pumpleistung, die am Einkoppelspiegel reflektierte Pumpleistung, die resonatorinterne Leistung und die vorwärts oder rückwärts emittierte Leistung der Idlerwelle.*

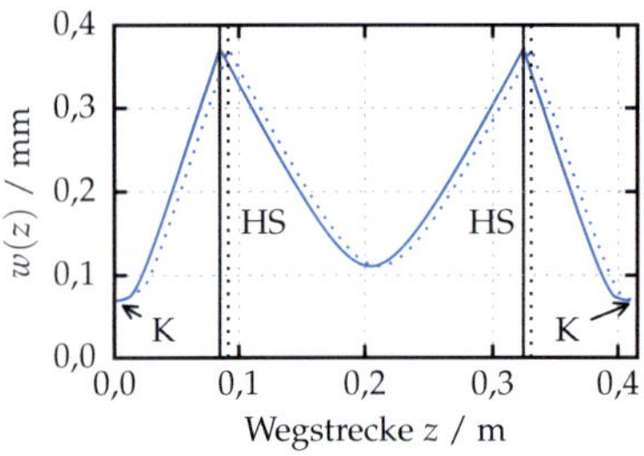

Abbildung 3.2: *Strahlradius $w(z)$ der geführten Resonatormode für 2,5 cm lange Lithiumniobatkristalle (–) und für 5 cm lange Kristalle (· · ·). K bezeichnet die Position des OPO-Kristalls und HS die Positionen der Hohlspiegel.*

der Pumpwelle unterscheidet, gelten die oben genannten Beschichtungsdaten auch für die Signalwelle, sodass die Spiegel einen Resonator mit den gleichen Parametern für die Signalwelle wie für die Pumpwelle bilden.

Als Pumplaser dient ein Yb:YAG-Scheibenlaser der Firma ELS, welcher bei 1030 nm Wellenlänge bis zu 23 W Ausgangsleistung mit einer Linienbreite unter 5 MHz liefern kann. Mit einer Linse wird der Laserstrahl modenangepasst zur räumlichen Resonatormode zwischen die Planspiegel fokussiert.

Der am Einkoppler reflektierte Anteil P_p^* der Pumpleistung P_p wird mit einem thermischen Leistungsdetektor gemessen. Um auch schnelle Änderungen der reflektierten Pumpleistung beobachten zu können, wird außerdem das Streulicht des thermischen Detektors mit einer Photodiode gemessen und auf einem Oszilloskop dargestellt. Zur spektralen Untersuchung der im Resonator umlaufenden Welle wird das durch einen Hohlspiegel transmittierte Licht verwendet.

Als nichtlineare Kristalle wurden 5 mol-% MgO-dotierte Lithiumniobatkristalle (Hersteller HC Photonics Corp., Taiwan) mit den Längen 2,5 cm und 5 cm verwendet. Alle Kristalle sind für die Pumpwelle antireflexionsbeschichtet ($0{,}2\ \% < R < 0{,}4\ \%$ pro Fläche) und besitzen zur Quasiphasenanpassung (Typ-eee, alle Wellen außerordentlich polarisiert, siehe Abbildung 2.6) eine periodische Polung mit Periodenlängen zwischen 13,5 µm und 80 µm. Über eine aktive Temperaturregelung wird die Kristalltemperatur auf eine maximale Abweichung von etwa 10 mK um einen Sollwert zwischen Raumtemperatur und 220 °C geregelt.

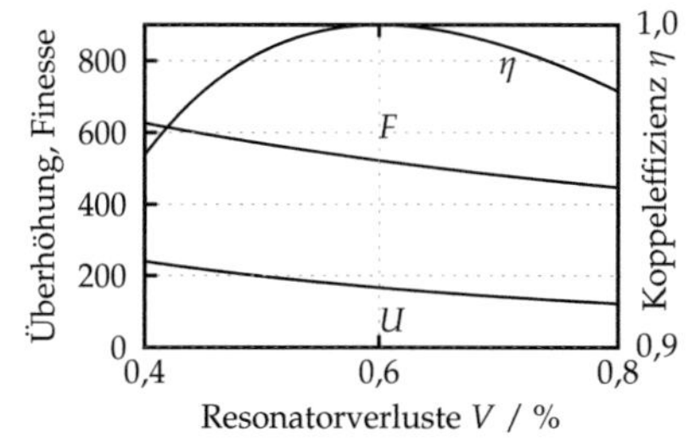

Abbildung 3.3: *Verlauf der Finesse F, Überhöhung U und Koppeleffizienz η in Abhängigkeit von den Resonatorverlusten V für den im Experiment verwendeten Einkoppelspiegel mit* $R = 99{,}4\ \%$.

Die ferninfrarote Idlerwelle wird kollinear zur Pumpwelle im nichtlinearen Kristall erzeugt, besitzt aber aufgrund ihrer großen Wellenlänge eine starke Divergenz. Bei der Wellenlänge 200 µm und einem angenommenen Strahlradius im Kristall von etwa 100 µm beträgt der volle Divergenzwinkel 30°. Die Idlerwelle wird deshalb mit einem Off-Axis-Parabolspiegel aus Aluminium (Brennweite 25 mm, Durchmesser 25 mm) aus dem Resonator reflektiert und kollimiert, wobei das Pump- und Idlerlicht ungehindert durch ein 1,5 mm großes, gebohrtes Loch den Spiegel passieren kann. Der Off-Axis-Parabolspiegel kann an zwei Positionen aufgestellt werden, sodass er entweder die Idlerwelle des Vorwärtsprozesses oder die des Rückwärtsprozesses (siehe Abbildung 2.5) aus dem Resonator auskoppelt. Die kollimierte THz-Welle wird dann mit einem Chopper mit einer Frequenz von 10 Hz periodisch unterbrochen und von einem zweiten Off-Axis Parabolspiegel (100 mm Brennweite, 50 mm Durchmesser) in eine Golayzelle fokussiert. Um restliche nahinfrarote Strahlung, welche die Golayzelle zerstören würde, abzublocken, werden ein 11 mm dicker Styrodur 4000 CS-Filter sowie ein Langpassfilter von der Firma Tydex eingesetzt (siehe Abbildung 3.5). Das Signal der Golayzelle wird mit einem Lock-In-Verstärker (Integrationszeit 30 ms) ausgelesen und kann mit dem vorher bestimmten Kalibrationsfaktor (siehe folgender Abschnitt 3.1.2) in die auf die Golayzelle einfallende Leistung umgerechnet werden.

3.1.2 Messverfahren

Nachweis der infraroten Wellen

Pumpleistung P_p und reflektierte Pumpleistung P_p^* werden beide mit einem thermischen Detektor (Coherent PM30, Absolutgenauigkeit $2\ \%$) bestimmt, welcher den am Einkoppelspiegel reflektierten Pumpstrahl aufnimmt. Die Pumpleistung P_p ist der bei geblocktem Resonator angezeigte Wert, wobei die Transmission von $0{,}6\ \%$ der einfallenden Pumpwelle am Einkoppelspiegel vernachlässigt wird. Für die Beobachtung schneller Leistungsänderungen stehen unkalibrierte, verstärkte Photodioden (ODS60-5T und Thorlabs PDA10DT) mit MHz-Bandbreiten zur Verfügung.

Zum Starten der parametrischen Oszillation muss die Laserwellenlänge mit einer Resonatormode in Übereinstimmung gebracht werden. Dazu wird der Piezotranslator mit einer periodischen Spannungsrampe (Wiederholrate bis zu einige Hz) verfahren, sodass der Resonator periodisch um mehrere freie Spektralbereiche durchgestimmt wird. In diesem sogenannten Scanbetrieb können aus dem Photodiodensignal der reflektierten Pumpleistung die charakteristischen Größen Finesse und Koppeleffizienz bestimmt werden (siehe Kapitel 2.4).

Zur spektralen Untersuchung der Pump- und Signalwellen wird ein Burleigh WA-1500 Wavemeter in Kombination mit einem Burleigh WA-650 Spektrumanalysator genutzt, welches die Bestimmung von spektralen Komponenten im Wellenlängenbereich von $0{,}4 - 4$ µm mit der Genauigkeit $0{,}2$ ppm erlaubt. Bei der Wellenlänge 1 µm entspricht dies der Genauigkeit 60 MHz. Die spektrale Auflösung beträgt dabei 4 GHz.

Um den longitudinal einmodigen Betrieb der optisch-parametrischen Oszillatoren nachzuweisen, stehen außerdem Scanning-Fabry-Pérot-Interferometer mit einem freien Spektralbereich von $1{,}5$ GHz und einem Auflösungsvermögen von etwa 10 MHz zur Verfügung.

Für den kontinuierlichen Betrieb des parametrischen Oszillators muss der Resonator auf die Wellenlänge des Pumplasers stabilisiert werden. Um dies zu erreichen, wird die thermische Selbststabilisierung ausgenutzt (siehe Kapitel 2.5.2), durch welche bei hohen Pumpleistungen die Resonatormoden stark verbreitert werden. Die Piezospannung wird in diesem Betriebsmodus auf einem konstanten Wert gehalten. Im kontinuierlichen Betrieb werden die resonanten Wellen spektral untersucht, und die Idlerwelle wird nachgewiesen.

Nachweis der THz-Welle

Spektrale Messung

Die Bestimmung der Wellenlänge im THz-Bereich erfolgt meist nicht direkt, sondern aus den Wellenlängen der beim Erzeugungsprozess beteiligten Pump- und Signalwelle, die mit einem Spektrumanalysator bestimmt werden. Die Differenzfrequenz aus

Pump- und Signalwellenlänge ergibt die Frequenz der Idlerwelle (siehe Gleichung 2.3).

Die Frequenz der THz-Welle kann auch direkt bestimmt werden. Hierzu werden zwei $0{,}5$ mm dicke Galliumarsenid-Wafer im Abstand von etwa 10 mm parallel positioniert, sodass sie als Fabry-Pérot-Interferometer für die THz-Welle funktionieren (siehe Abbildung 3.4). Einer der Wafer ist auf einem Verschiebetisch mit Schrittmotor positioniert, sodass der Abstand der Platten um eine bekannte Strecke verändert werden kann. Bei jeder Änderung des Abstands um eine halbe Wellenlänge des THz-Lichts ist ein Maximum der transmittierten Leistung messbar, sodass aus der Periodizität des Signals direkt auf die Wellenlänge der untersuchten Strahlung zurückgeschlossen werden kann.

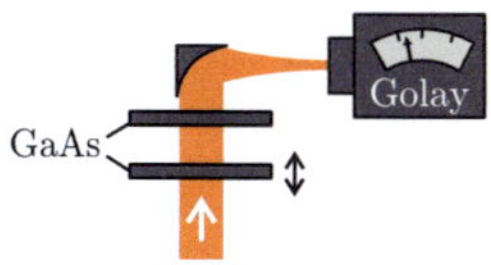

Abbildung 3.4: *Direkte Frequenzbestimmung der THz-Welle mit einem Fabry-Pérot-Interferometer aus zwei Galliumarsenid-Wafern. Ein Wafer kann mit einem Schrittmotor verfahren werden.*

Leistungsmessung

Zur Leistungsbestimmung der ferninfraroten Wellen steht eine Golayzelle (Tydex GC-1D) zur Verfügung. Die Golayzelle ist ein thermischer Sensor, bei dem die eingetragene Leistung über die Ausdehnung eines Gasvolumens gemessen wird [61]. Das Messverfahren ist unabhängig von der Wellenlänge, sodass über den kompletten Spektralbereich von $0{,}4-8000$ µm von einer konstanten Empfindlichkeit ausgegangen werden kann. Der thermische Eintrag darf 10 µW nicht überschreiten, weshalb die Golayzelle bei den Messungen mit einem Langpassfilter (Hersteller Tydex, Russland), welcher die infraroten Wellen zurückhält, geschützt wird. Die für die vorliegende Arbeit interessante Transmission im THz-Bereich ist in Abbildung 3.5 gezeigt. Das Auslesen der Golayzelle erfolgt mit einem Lock-In-Verstärker (Stanford Research SR830), welcher auf einen Chopper referenziert ist, der die zu messende Strahlung mit einer Frequenz von 10 Hz unterbricht. Da die Öffnung der Golayzelle einen Durchmesser von nur 5 mm hat, werden die THz-Wellen mit einem Off-Axis-Parabolspiegel in die Messöffnung fokussiert.

Da sich die Kalibrationsangabe des Herstellers als unzuverlässig herausgestellt hat, wird das System aus Golayzelle, Chopper und Lock-In-Verstärker mit zwei Verfahren kalibriert: Mit einem Schwarzkörper (Infrared Systems Development IR-563, siehe Abbildung 3.6a), sowie mit einem Laser bei einer Wellenlänge von $1{,}03$ µm (siehe Abbildung 3.6b). Die vom Schwarzkörper auf der Golayzelle eintreffende Leistung berechnet sich unter Berücksichtigung der Filtertransmission τ_{Filter} und der Transmission τ_{Luft} durch die Luft zu

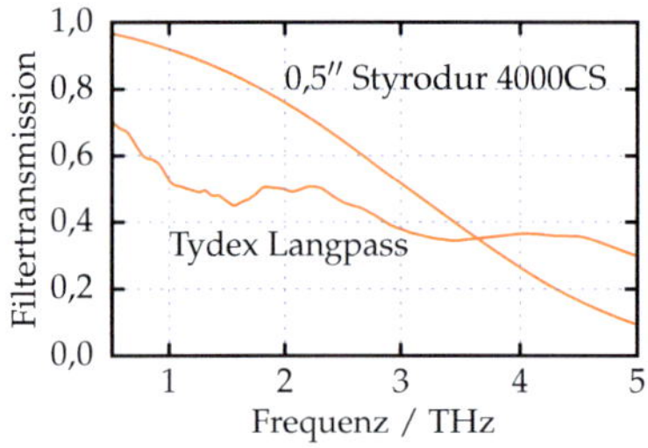

Abbildung 3.5: *Transmissionen der eingesetzten Filter: Ein Langpassfilter von Tydex sowie ein 0,5 Zoll dicker Filter aus CASF Styrodur 4000CS*

$$P_\mathrm{S} = A_\mathrm{S}\Omega_\mathrm{Golay}\int_0^\infty \left[I(\lambda, T_\mathrm{S}) - I(\lambda, T_\mathrm{Raum})\right]\tau_\mathrm{Filter}(\lambda)\tau_\mathrm{Luft}(\lambda)d\lambda \tag{3.1}$$

$$\text{mit} \quad A_\mathrm{S} = \pi\left(\frac{D_1}{2}\right)^2 \quad \text{(Fläche des Schwarzkörpers)}$$

$$\Omega_\mathrm{Golay} = \pi\left(\frac{D_2}{2}\right)^2 r^{-2} \quad \text{(Raumwinkel der Golayzellenöffnung)}$$

$$I(\lambda, T) = \frac{2hc^2}{\left(e^{\frac{hc}{\lambda k_\mathrm{B} T}} - 1\right)\lambda^5} \quad \text{(PLANCKsche Strahlungsformel).}$$

Hierbei sind T_S und T_Raum die Temperatur des Schwarzkörperstrahlers $T_\mathrm{S} = 1000$ K sowie die Raumtemperatur $T_\mathrm{Raum} = 22\,°\mathrm{C} \triangleq 295{,}15$ K. Mit Blendenöffnungen $D_1 =$ 0,2 Zoll, $D_2 = 1 - 3$ mm, einem Abstand von $r = 210$ mm und einer Luftfeuchte von 50 % [62] ergibt sich bezogen auf die Ausgangsspannung des Lock-In-Verstärkers eine Sensitivität der Golayzelle von $\sigma_\mathrm{Golay} = (5{,}0 \pm 0{,}4)$ mV/µW.

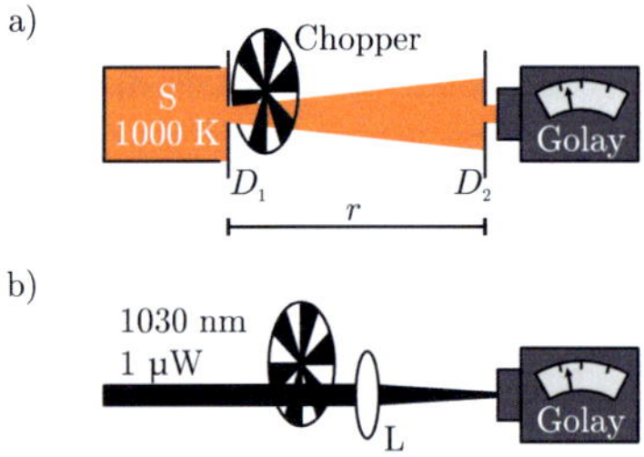

Abbildung 3.6: *a) Kalibrierung der Golayzelle mit einem Schwarzkörper S bei der Temperatur 1000 K. Direkt vor dem Schwarzkörper und der Golayzelle befinden sich Blenden mit definiertem Durchmesser D_1 und D_2 im Abstand r. b) Kalibration der Golayzelle mit einem Laserstrahl der Wellenlänge 1030 nm. Der Laserstrahl wird mit der Linse L in die Golayzelle fokussiert.*

Zur Überprüfung dieser Leistungskalibration wurde ein Laserstrahl mit einer Wellenlänge von 1030 nm ohne zusätzliche Filter auf den Eingang der Golayzelle fokussiert (siehe Abbildung 3.6b). Die Leistung des Lasers wurde mit einer kalibrierten Photodiode (Coherent LM-2 VIS) auf 1 µW eingestellt. Damit ergibt sich eine Sensitivität von $\sigma_\mathrm{Golay} = (5{,}1 \pm 0{,}1)$ mV/µW, was im Rahmen der Fehlergrenzen mit der zuvor beschriebenen Kalibrationsmethode übereinstimmt. Insgesamt ergibt sich eine gewichtet gemittelte Sensitivität von

$$\sigma_{\text{Golay}} = (5{,}1 \pm 0{,}1)\ \text{mV}/\mu\text{W}. \tag{3.2}$$

Für die Messungen mit Galliumarsenid wurde ein pyroelektrischer DLaTGS-Detektor der Firma Bruker verwendet. Bezogen auf die Ausgangsspannung des auf den Chopper referenzierten Lock-In-Verstärkers besitzt dieser Detektor Sensitivitäten zwischen $6\ \text{mV}/\mu\text{W}$ und $65\ \text{mV}/\mu\text{W}$ einfallender Leistung (siehe Abbildung 3.7), wobei ein permanent auf den Detektor montierter, geschwärzter Polyethylen-Langpassfilter bereits mit einberechnet wurde.

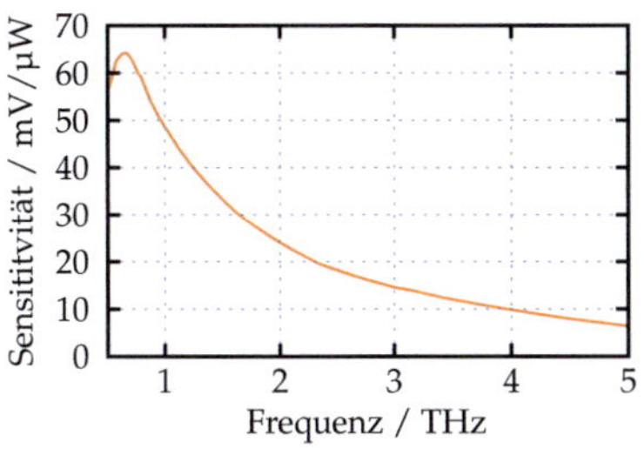

Abbildung 3.7: *Sensitivität des Bruker DLaTGS-Detektors mit schwarzem Polyethylen-Filter und einer Chopperfrequenz von 10 Hz. Die gezeigten Werte sind Herstellerangaben.*

Bei allen THz-Leistungmessungen wurde ein 0,5-Zoll-dicker Filter aus Styrodur 4000 CS (BASF) vor dem jeweiligen Detektor eingesetzt. Die Transmission dieses Materials im nahinfraroten Bereich ist aufgrund der Porenstruktur sehr klein - langwellige Strahlung im THz-Bereich kann das Material hingegen nahezu ungehindert durchdringen. Die quantitativen Transmissionswerte wurden der Veröffentlichung von Zhao et al. [63] entnommen und mit einer Polynomfunktion dritten Grades angepasst (siehe Abbildung 3.5). Alle in der vorliegenden Arbeit angegebenen Leistungsdaten im THz-Bereich beziehen sich auf die Leistung des emittierten THz-Strahls, sind also bereits um den Einfluss der bei der Messung eingesetzten Filter korrigiert. Da die Kristalle im THz-Bereich nicht anti-reflexionsbeschichtet sind, ist die THz-Leistung aufgrund der hohen Reflektivität an den Grenzflächen der nichtlinearen Kristalle ($R \approx 32\%$ beim GaAs und $R \approx 44\%$ beim Lithiumniobat) im Kristall noch höher.

Strahlprofilmessung

Mit den beiden thermischen Detektoren stehen nur Einzelpixeldetektoren für den Nachweis der Terahertzwellen zur Verfügung. Deshalb werden Strahlprofile der ferninfraroten Wellen mit einem Rasterverfahren ermittelt: Vor dem auf einem zweidimensional motorisierten Verschiebetisch befestigten Detektor wird eine kreisförmige Blende mit Durchmesser D montiert und damit der Strahl transversal abgerastert (siehe Abbildung 3.8). Unter der Annahme, dass ein Gaussförmiges Intensitätsprofil mit Strahlradius w_0 vorliegt, lässt sich der gemessene Intensitätsverlauf für jeden eindimensionalen Linienscan durch Faltung mit einer Rechteckfunktion der Breite $\sqrt{\pi}D$ darstellen:

$$I(r) = \int_{r-\sqrt{\pi}D/2}^{r+\sqrt{\pi}D/2} I_0 e^{-\frac{2x^2}{w_0^2}} dx. \tag{3.3}$$

Durch eine Anpassung von Gleichung 3.3 an die Messdaten kann der Strahldurchmesser w_0 ermittelt werden.

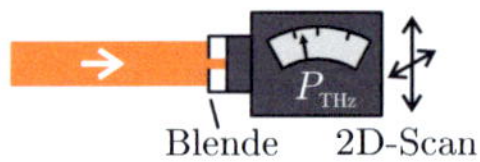

Abbildung 3.8: *Skizze des Verfahrens zur Strahlprofilmessung: Der Detektor wird mit einer Kreisblende mit einem Durchmesser, welcher viel kleiner als der Strahldurchmesser ist, abgeschattet. Mit dieser Anordnung wird der zu untersuchende Strahl zweidimensional abgerastert.*

Polarisationsmessung

Zur Polarisationsmessung der THz-Wellen steht ein Drahtpolarisator mit einer nutzbaren Fläche von etwa $4\ \text{cm} \times 4\ \text{cm}$ zur Verfügung, welcher aus goldbeschichteten Wolframdrähten mit einem Durchmesser von $30\ \mu\text{m}$ im Abstand von $60\ \mu\text{m}$ besteht (siehe Abbildung 3.9). Für Wellenlängen, welche größer als der Drahtabstand sind, wirkt das Gitter reflektierend, wenn die Polarisation entlang der Drahtachse orientiert ist, und transmittierend für Licht, welches senkrecht zur Drahtachse polarisiert ist [38]. Der Zusammenhang zwischen Leistungstransmission und Winkel φ zwischen Drahtachse und Polarisation ist durch

$$T(\varphi) = T_{\text{Offset}} + A\left\{1 + \cos\left[(\varphi - \varphi_0)\frac{\pi}{90°}\right]\right\} \tag{3.4}$$

gegeben. Hierbei ist T_{Offset} der immer transmittierte Anteil, welcher sich aus unpolarisierter Strahlung und vom Polarisator nicht perfekt unterdrückter Strahlung zusammensetzt, φ_0 der Winkel, bei dem maximale Transmission erreicht wird und A die Amplitude der Transmission.

Für die im Resonator umlaufenden nah- und mittelinfraroten Wellen, deren Wellenlängen sehr viel kleiner als der Drahtabstand sind, wirkt der Polarisator nur als Schattenmaske und zeigt keinen orientierungsabhängigen Effekt auf die transmittierte Leistung. Der so entstehende „Offset" wird durch eine Messung ohne erzeugte THz-Leistung (das bedeutet ohne parametrische Oszillation beim THz-OPO und bei Differenzfrequenz $\nu_{\text{THz}} = 0$ bei der THz-DFG) ermittelt und von den späteren Messungen abgezogen.

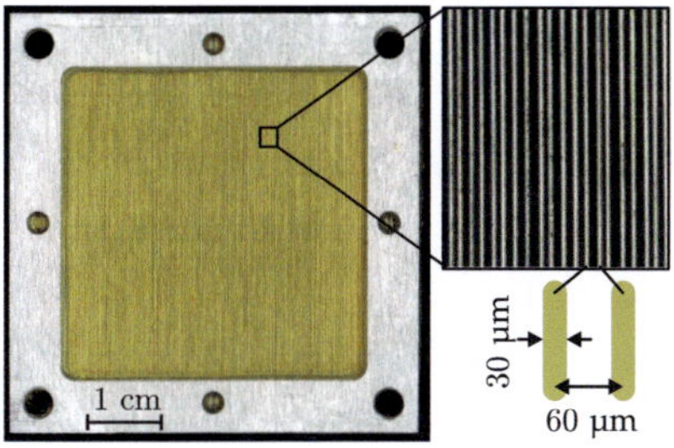

Abbildung 3.9: *Drahtpolarisator mit einem Drahtabstand von 60 µm und einer Drahtdicke von 30 µm aus goldbeschichteten Wolframdrähten. Die nutzbare Fläche ist etwa 4 cm×4 cm.*

3.1.3 Sellmeiergleichung im THz-Bereich

Eine Sellmeiergleichung ist eine empirisch ermittelte Formel zur Berechnung des wellenlängenabhängigen Brechungsindex eines Materials. Für die Vorhersage des Durchstimmverhaltens phasenangepasster Prozesse muss außerdem die Temperaturabhängigkeit des Brechungsindex bekannt sein. Im Spektralbereich von $1 - 3$ THz gibt es bisher noch keine temperaturabhängige Sellmeiergleichung für das in der vorliegenden Arbeit verwendete 5 % MgO-dotierte Lithiumniobat. Aus dem Durchstimmverhalten des pumpüberhöhten optisch-parametrischen Oszillators lässt sich allerdings der Brechungsindex der Idlerwelle mit Hilfe der Phasenanpassungsbedingung 2.9 beziehungsweise 2.10 berechnen:

$$n_\mathrm{i} = \pm\lambda_\mathrm{i}^\mathrm{f,b}\left(\frac{n_\mathrm{p}}{\lambda_\mathrm{p}} - \frac{n_\mathrm{s}}{\lambda_\mathrm{s}} \pm \frac{1}{\Lambda}\right). \tag{3.5}$$

Hierbei wird angenommen, dass die Oszillation bei $\Delta k = 0$ startet. Die Unsicherheit der Pump- und Idlerwellenlänge ist dann durch die Bandbreite des Verstärkungsprofils gegeben und beträgt etwa 30 GHz (siehe Abbildung 2.4). Die Brechungsindizes der Pump- und Signalwelle werden der temperaturabhängigen Sellmeiergleichung von PAUL et al. [44] entnommen.

An die so erhaltenen experimentellen Brechungsindexwerte der Idlerwelle wird eine vereinfachte Form der von Jundt [64] für den nahinfraroten Bereich veröffentlichten Sellmeiergleichung angepasst:

$$\begin{aligned} n_\mathrm{THz}^2 &= a_0 + b_0 f + \frac{a_1 + b_1 f}{\lambda^2 - (a_2 + b_2 f)^2}, \\ f &= (T - 24{,}5) \times (T + 570{,}82). \end{aligned} \tag{3.6}$$

Dabei bezeichnen T die Kristalltemperatur in °C und λ die Wellenlänge in µm. Die Sellmeiergleichung beinhaltet einen Oszillatorterm, um Phononresonanzen oberhalb von 7 THz [41] zu berücksichtigen.

3.2 Ergebnisse

3.2.1 Kopplung der Pumpwelle und Leistungsabhängigkeit

Abbildung 3.10 zeigt ein typisches Koppelspektrum bei der Pumpleistung $P_\mathrm{p} = 20$ mW unter Verwendung eines 2,5 cm langen Kristalls. Die Finesse beträgt 580 ± 20, was einer Linienbreite von $1{,}17 \pm 0{,}04$ MHz entspricht, und die maximale Koppeleffizienz liegt bei $\eta = 76$ %.

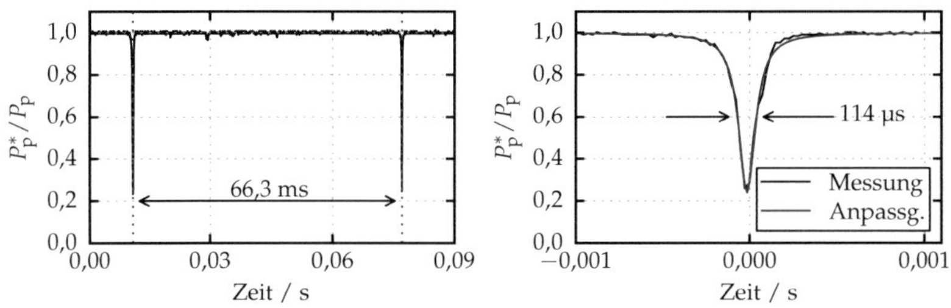

Abbildung 3.10: *Exemplarisches Koppelspektrum bei der Pumpleistung 20 mW. Die Koppeleffizienz beträgt 76 % und die Finesse etwa 580. Rechts ist eine Resonanz vergrößert dargestellt.*

Bei höheren Pumpleistungen werden die thermischen Effekte durch die steigende resonatorinterne Pumpleistung sichtbar (siehe Abbildung 3.11). Die Scangeschwindigkeit wurde hier auf etwa 0,8 freie Spektralbereiche pro Sekunde (Verfahrgeschwindigkeit des Piezoaktors $v_\mathrm{Piezo} = 0{,}4$ nm/s) reduziert, sodass sich der nichtlineare Kristall zu jedem Zeitpunkt nahezu im thermischen Gleichgewicht befindet. Bei einer Pumpleistung von 250 mW ist noch keine Modenverzerrung erkennbar, und es zeigen sich keine Unterschiede zwischen Verringerung (steigende Piezospannung) und Vergrößerung (sinkende Piezospannung) der Resonatorlänge. Ab einer Pumpleistung von $P_\mathrm{p} = 1$ W führt die Absorption im Kristall zu einer erkennbaren Verbreiterung der Resonatormoden (thermische Selbststabilisierung bei steigender Piezospannung) und zum Überspringen der Resonatormoden bei Vergrößerung der Resonatorlänge. Bei einer Pumpleistung von 5 W ist die Verbreiterung bereits größer als ein freier Spektralbereich und die Moden verschmelzen miteinander.

3.2.2 THz-Erzeugung

Abbildung 3.12 zeigt zusätzlich zu den Koppelspektren die gleichzeitig von der Golayzelle detektierte Idlerleistung für eine Auswahl von Pumpleistungen. Der verwendete nichtlineare Kristall ist 2,5 cm lang, die Periodenlänge beträgt 30,5 µm und die Kristalltemperatur ist 60 °C. Bei der Pumpleistung 1 W ist noch keine Idlerwelle nachweisbar. Bei $P_\mathrm{p} = 5$ W werden bereits 10 µW THz-Leistung erzeugt. Derweil

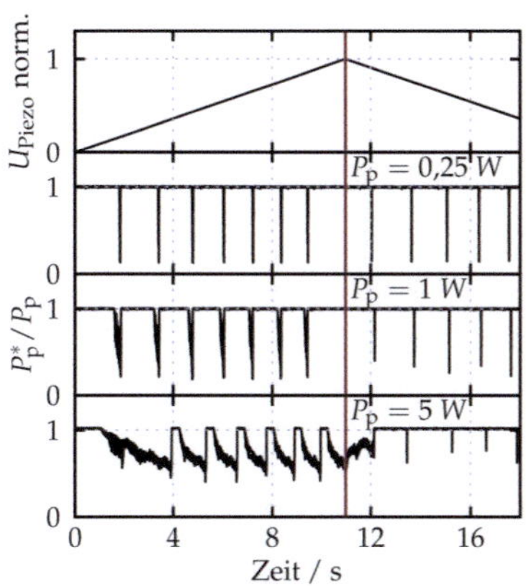

Abbildung 3.11: *Spannungsverlauf am Piezoaktor sowie Koppelspektren bei langsamem Durchstimmen der Resonatorlänge für Pumpleistungen von 0,25 – 5 W. Die starke Verzerrung der Moden bei hohen Pumpleistungen ist gut erkennbar.*

steigt sie auf $P_{\mathrm{THz}} = 36$ µW bei 23 W Pumpleistung an. Auf dem Rückweg des Piezoaktors (Verlängerung des Resonators) kann durch die thermische Selbststabilisierung des Resonators zunächst THz-Leistung nachgewiesen werden, wobei die in den Resonator eingekoppelte Pumpleistung mit zunehmender Resonatorlänge abnimmt. Bei weiterer Verlängerung des Resonators ist keine parametrische Oszillation mehr nachweisbar.

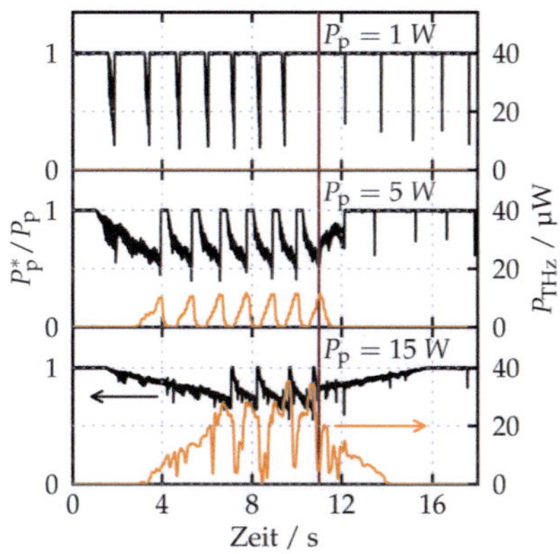

Abbildung 3.12: *Koppelspektren des Resonators sowie die gleichzeitig von der Golayzelle gemessene Leistung der Idlerwelle für Pumpleistungen von 1, 5 und 15 W. Die Kristalllänge ist 2,5 cm, die Periodenlänge beträgt 30,5 µm und die erzeugte Idlerfrequenz ist 1,35 THz.*

Gleichzeitig mit dem Ansteigen des Signals an der Golayzelle lässt sich neben der Pumpwelle auch die Signalwelle der parametrischen Oszillation im Spektrometer beobachten (siehe Abbildung 3.13). Das Spektrum wurde mit den zuvor genannten Kristallparametern bei 23 W Pumpleistung aufgenommen. Aus den Wellenlängen der Pump-und Signalwelle lässt sich die Idlerfrequenz zu 1,35 THz berechnen.

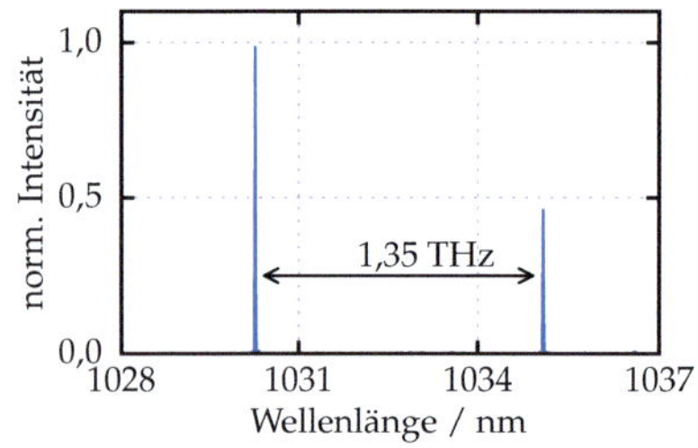

Abbildung 3.13: *Spektrum der im Resonator umlaufenden Pump- und Signalwelle (Pumpleistung 23 W, Kristallänge 2,5 cm, Periodenlänge 30,5 µm, Kristalltemperatur 60 °C). Aus dem Spektrum kann die Frequenz der Idlerwelle zu 1,35 THz bestimmt werden.*

Zum direkten Nachweis der THz-Welle wurde ein FABRY-PÉROT-Interferometer aus zwei GaAs-Wafern vor die GOLAYzelle positioniert. Abbildung 3.14 zeigt das mit der GOLAYzelle gemessene transmittierte Signal in Abhängigkeit vom Abstand der beiden Wafer bei einer aus dem Spektrum von Pump- und Signalwelle bestimmten Frequenz von $3{,}067 \pm 0{,}006$ THz. Durch Multiplikation des durch den Wafer transmittierten Teils $T = 1 - R$ mit Gleichung 2.13 erhält man den theoretischen Verlauf der durch das Interferometer transmittierten Leistung. Die Anpassung an die Messdaten ergibt die Frequenz $\nu_{\mathrm{THz}} = 3{,}057 \pm 0{,}003$ THz und stimmt damit innerhalb des doppelten Fehlers mit dem aus dem Spektrum ermittelten Wert überein.

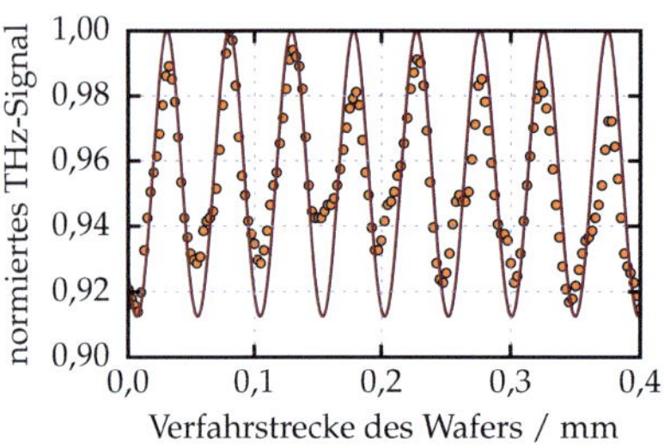

Abbildung 3.14: *Mit der Golayzelle gemessene Transmission der THz-Welle durch ein Fabry-Perot-Interferometer, bestehend aus zwei GaAs-Wafern. Die aus dem Spektrum abgelesene Frequenz beträgt $3{,}067 \pm 0{,}006$ THz, die mit der Anpassung ermittelte Frequenz ist $3{,}057 \pm 0{,}003$ THz.*

3.2.3 Durchstimmbarkeit

Durch Variation von Kristalltemperatur und Polungsperiodenlänge kann das im parametrischen Prozess erzeugte Signal- und Idlerwellenpaar durchgestimmt werden (siehe Kapitel 2.2). Bei jedem Wertepaar aus Temperatur und Periodenlänge sind außerdem jeweils der vorwärts- und der rückwärts-emittierende, parametrische Prozess möglich, deren zugehörige Idlerfrequenzen sich um etwa einen Faktor zwei unterscheiden (siehe Gleichungen 2.9 und 2.10). Abbildung 3.15 zeigt eine Auswahl der temperaturabhängigen Durchstimmkurven für verschiedene Periodenlängen Λ, wobei die Idlerfrequenz aus dem Spektrum von Pump- und Signalwelle berechnet wurde. Der Fehler der Idlerfrequenz kann durch die Verstärkungsbandbreite der parametrischen Oszillation von etwa 30 GHz (siehe Abbildung 2.4) abgeschätzt werden.

Insgesamt lässt sich die Idlerwelle im Temperaturbereich von Raumtemperatur bis 200 °C und mit Periodenlängen von $13{,}5 < \Lambda < 80$ µm von 1,14 THz bis 3,13 THz durchstimmen.

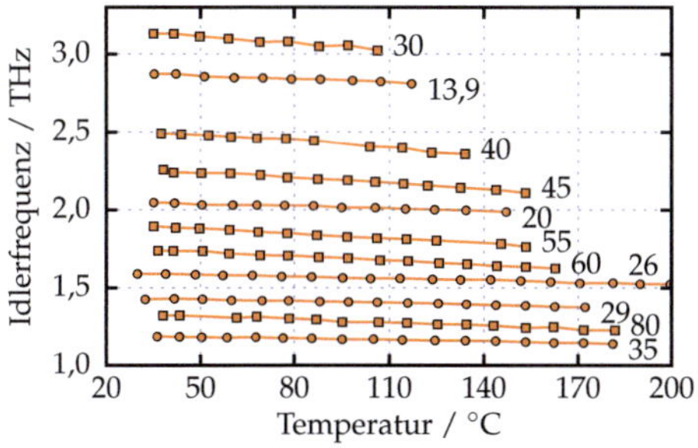

Abbildung 3.15: *Durchstimmverhalten des optisch parametrischen Oszillators für verschiedene Kristalltemperaturen und Polungsperiodenlängen in µm. □ bezeichnet die durch den Vorwärtsprozess erzeugten Wellen, ○ die durch den Rückwärtsprozess erzeugten. Die durchgezogenen Linien dienen der Augenführung.*

3.2.4 Strahlprofil

Abbildung 3.16 zeigt das mit der Golayzelle im Fokus des Off-Axis-Parabolspiegels O_2 (siehe Abbildung 3.1) aufgenommene transversale Intensitätsprofil der THz-Welle. Die benutzte Blende hat einen Durchmesser von 0,2 mm, und die Frequenz der Idlerwelle ist 1,36 THz. Die Anpassung eines GAUSSschen Strahlprofils an Querschnitte durch das Zentrum des Strahls ergibt einen horizontalen Strahlradius $w_{0,\mathrm{x}} = 1{,}09 \pm 0{,}02$ mm und einen vertikalen Strahlradius $w_{0,\mathrm{y}} = 1{,}18 \pm 0{,}02$ mm.

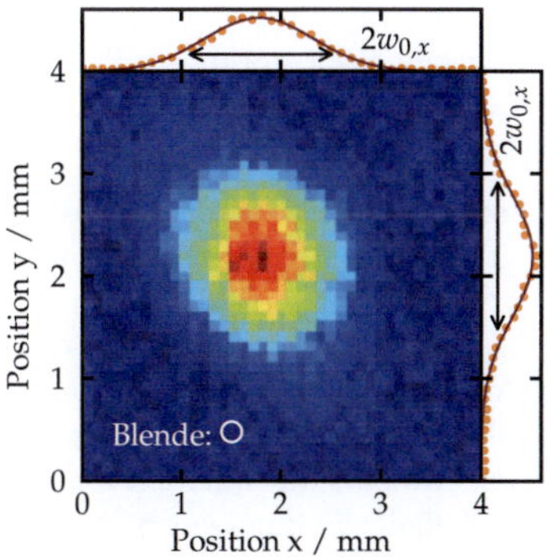

Abbildung 3.16: *Strahlprofil des fokussierten THz-Strahls bei der Frequenz 1,36 THz. Das Profil wurde im Abstand von etwa 11 cm vom Off-Axis-Parabolspiegel O_2 aufgenommen. Die gepunkteten Kurven sind Querschnitte durch das Zentrum des Strahls, an die GAUSSsche Strahlprofile (durchgezogene Linien) angepasst wurden. Die ermittelten Strahlradien sind $w_{0,\mathrm{x}} = 1{,}09 \pm 0{,}02$ mm und $w_{0,\mathrm{y}} = 1{,}18 \pm 0{,}02$ mm.*

Abbildung 3.17 zeigt den horizontalen Strahlradius $w_{0,x}$ in Abhängigkeit vom Abstand vom Spiegel O_2 entlang der Strahlrichtung. Am Spiegel beträgt der Strahlradius etwa 10 mm und hat ein Minimum im Abstand von circa 11 cm vom Spiegel.

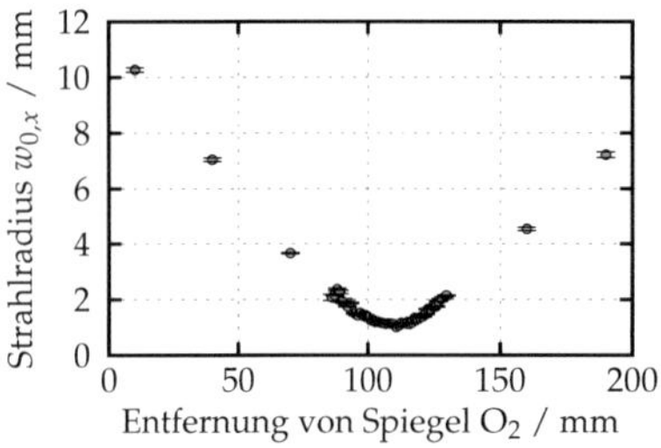

Abbildung 3.17: *Aus den Strahlprofilen ermittelter, horizontaler Strahlradius $w_{0,x}$ in Abhängigkeit vom Abstand vom Off-Axis-Parabolspiegel O_2.*

3.3 Diskussion

3.3.1 Kopplung der Pumpwelle und Leistungsabhängigkeit

Aus der bei kleinen Pumpleistungen gemessenen Finesse von $F = 580 \pm 20$ (siehe Abbildung 3.10) lassen sich unter Berücksichtigung des verwendeten Einkoppelspiegels ($R = 99{,}4$ %) die sonstigen Resonatorverluste zu $V = (0{,}48 \pm 0{,}04)$ % und die maximale Überhöhung somit zu $U_{\text{max}} = 205 \pm 15$ bestimmen (siehe Abbildung 3.3). Die experimentell erreichten Koppeleffizienzen liegen zwischen $\eta = 74 - 87$ % – die Abweichung vom theoretischen Maximum von $\eta_{\text{max}} = 99$ % lässt sich durch eine nicht perfekte Modenanpassung des Pumplasers an die transversale Resonatormode erklären. Außerdem liegt die mit kleiner als 5 MHz spezifizierte Linienbreite des Lasers möglicherweise über der Akzeptanzbreite der Resonanzen des Resonators $\Delta\nu = FSR/F = 1{,}2 \pm 0{,}05$ MHz, sodass in diesem Fall nicht alle Frequenzanteile des Lasers gleichzeitig in den Resonator eingekoppelt werden können. Mit 23 W externer Pumpleistung kann im verwendeten Aufbau theoretisch eine resonatorinterne Pumpleistung von $P_{\text{Res}} = 205 \times 23$ W$= 4700 \pm 200$ W erreicht werden, was weit oberhalb der erwarteten Schwelle der parametrischen Oszillation liegt.

Bei Pumpleistungen über 100 mW wurde eine Verzerrung der Resonanzen des Überhöhungsresonators festgestellt. Abbildung 3.18 zeigt die reflektierte Pumpleistung bei Pumpleistungen von 1, 3 und 10 W mit einem 2,5 cm langen Kristall und einer langsamen Scangeschwindigkeit von etwa 0,54 GHz/s, wobei die Länge des Resonators verringert wurde. Zu erkennen ist ein linearer Abfall der reflektierten Leistung bis zu einer maximalen Koppeleffizienz (bzw. minimalen reflektierten Pumpleistung), bei der der Resonator schlagartig die Resonanz verlässt. Mit zunehmender Pumpleistung wird der Verlauf flacher und die maximale Koppeleffizienz nimmt von 87 % bei kleiner Pumpleistung auf 20 % bei $P_{\text{p}} = 23$ W ab. Ähnliche Effekte wurden bereits in Mikroresonatoren beobachtet [65].

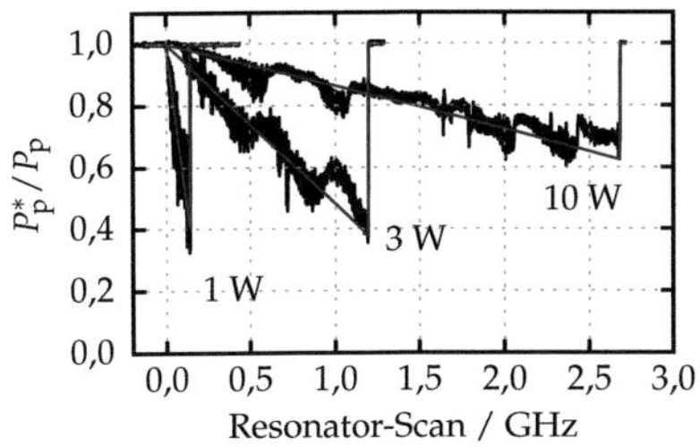

Abbildung 3.18: *Spektren der reflektierten Pumpleistung für Pumpleistungen von 1, 3 und 10 W sowie eine Anpassung an Gleichung 2.14 unter Berücksichtigung der temperaturverschobenen Resonanzen (siehe Gleichung 2.32). Die Anpassungsparameter sind $P_H/R_{th} = 0{,}22$ °C, 1,85 °C und 6,83 °C. Der verwendete Kristall hat 2,5 cm Länge.*

Zur Quantifizierung des thermischen Effekts wird an den linearen Teil der jeweiligen Mode, wie in Kapitel 2.5.2 beschrieben, eine Anpassung vorgenommen, wobei der einzige freie Parameter der Quotient aus der maximalen Heizleistung P_H und dem thermischen Widerstand R_{th} des geheizten Kristallvolumens zu seiner Umgebung ist. Abbildung 3.18 zeigt die Anpassung exemplarisch für Pumpleistungen von 1, 3 und 10 W.

In Abbildung 3.19 sind der Anpassungsparameter P_H/R_{th} sowie die bei der tatsächlichen Koppeleffizienz erreichte Kristallerwärmung ΔT (siehe Gleichung 2.34) gegen die externe Pumpleistung P_p aufgetragen. Der Quotient P_H/R_{th} ist anschaulich die sich bei 100 % Koppeleffizienz im thermischen Gleichgewicht einstellende Erwärmung des durch die Pumpwelle geheizten Kristallvolumens in Bezug auf seine Umgebung.

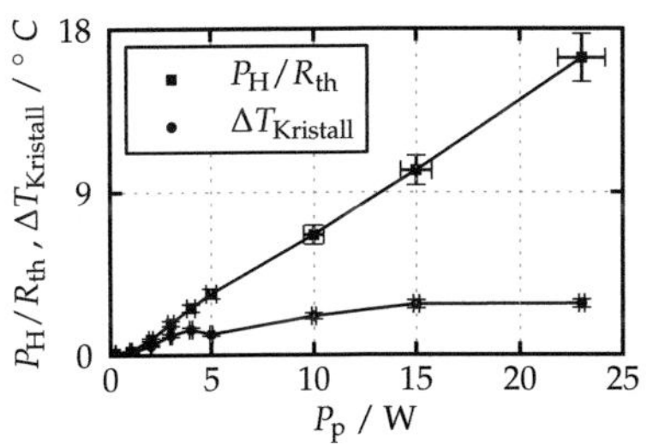

Abbildung 3.19: *Anpassungsparameter P_H/R_{th}, welcher die Kristallerwärmung bei der theoretisch maximalen Koppeleffizienz angibt, sowie die bei der tatsächlichen Koppeleffizienz erreichte Kristallerwärmung $\Delta T_{Kristall}$ für Pumpleistungen bis zu 23 W. Die erreichte Kristallerwärmung sättigt bei etwa 2,8 °C bei einer resonatorinternen Leistung von 950 W.*

Die tatsächliche Kristallerwärmung ΔT zeigt – bedingt durch die sinkende Koppeleffizienz – ein Sättigungsverhalten bei etwa 2,8 °C ($P_{Res} = 950 \pm 40$ W). Mit dem Absorptionskoeffizienten für die außerordentlich polarisierten Wellen $\alpha \approx 2 \times 10^{-2}$ m^{-1} (siehe Tabelle 2.1) ergibt sich bei der resonatorinternen Pumpleistung von 950 W eine im Kristall absorbierte Leistung $P_H = 0{,}49 \pm 0{,}02\ W$. Daraus lässt sich mit Gleichung 2.28 die Stärke der thermischen Linse zu $\Delta\Phi = 0{,}6\pi \pm 0{,}03\pi$ bestimmen. Bei dieser Linsenstärke ist die Leistungskopplung der thermisch verzerrten Resonatormode an die TEM_{00}-Grundmode etwa 60 % und die Kopplung an die nächst-höhere LAGUERRE-Gauss-Mode TEM_{10} etwa 30 % (siehe Abbildung 2.15). Das ist gleichbedeutend damit, dass die im Resonator umlaufende Mode nicht mehr aus der reinen Grundmode besteht und damit die maximal erreichbare Koppeleffizienz η durch den schlechteren Überlapp mit der TEM_{00}-Mode des Pumplasers absinkt.

Ein weiterer Grund für das Absinken der beim linearen Durchstimmen des Resonators erreichten Koppeleffizienz ist die mit höherer Pumpleistung stärkere Empfindlichkeit auf Frequenz- und Leistungsschwankungen des Pumplasers: Diese werden in Schwankungen der resonatorinternen Leistung umgesetzt, deren Absolutwert proportional mit der Überhöhung und Koppeleffizienz wächst. Kleine Störungen des Pumplasers können dann so große, absolute Schwankungen der resonatorinternen Leistung bewirken, dass der Resonator aus der thermischen Selbststabilisierung „springt".

Bisher wurde nicht betrachtet, dass auch die im Resonator umlaufende Signalwelle durch den Einkoppelspiegel transmittiert wird, und so die Messung der reflektierten Pumpleistung verfälscht. Da in der reflektierten Pumpleistung keine Unstetigkeit beim Starten der parametrischen Oszillation beobachtet werden konnte und die beobachtete Koppeleffizienz unabhängig vom Anschwingen der parametrischen Oszillation ist, wird davon ausgegangen, dass die resonatorinterne Leistung der Signalwelle immer deutlich kleiner ist als die resonatorinterne Leistung der Pumpwelle, sodass der Einfluss auf die reflektierte Pumpleistung vernachlässigt werden kann.

3.3.2 Pumpschwelle und THz-Leistung

Aus den Scanmessungen kann die Leistung der generierten Idlerwelle P_{THz} in Abhängigkeit von der resonatorinternen Pumpleistung P_{Res} extrahiert werden. Abbildung 3.20 zeigt dies für einen 2,5 cm langen Kristall bei der Idlerfrequenz 1,35 THz. Der Leistungsverlauf ist linear, die Oszillationsschwelle beträgt (173 ± 10) W, und die differenzielle Effizienz erreicht (43 ± 5) nW/W.

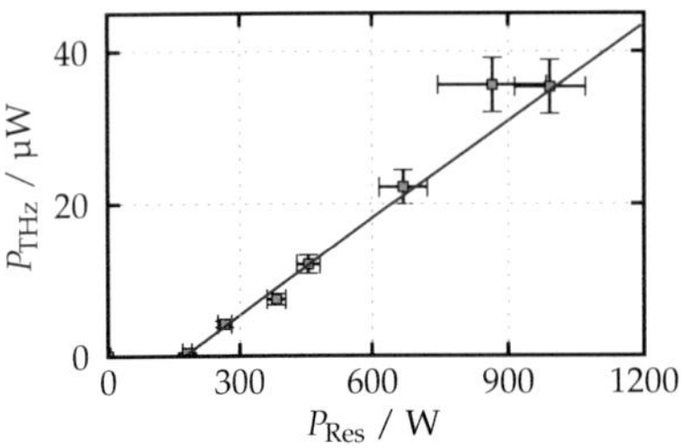

Abbildung 3.20: *Leistung der Idlerwelle P_{THz} in Abhängigkeit von der resonatorinternen Pumpleistung P_{Res} bei 2,5 cm Kristalllänge und einer Idlerfrequenz von 1,35 THz. Die lineare Anpassung ergibt eine Oszillationsschwelle von 173 W sowie eine differenzielle Effizienz von 43 nW/W.*

Mit Gleichung 2.11 lässt sich aus der Pumpschwelle ein effektiver nichtlinearer Koeffizient $d^{\mathrm{eff}} = 85 \pm 15$ pmV^{-1} berechnen. Hierbei wurden die Kristalllänge 2,5 cm, der Strahlradius $w_0 = 70$ µm, Gesamtverluste $V = 1{,}1$ % und eine Absorption der Idlerwelle von $\alpha_{\mathrm{I}} = 40$ cm^{-1} [27] angenommen. Der ermittelte Wert stimmt mit dem in einem kaskadierten, optischen parametrischen Oszillator gemessenen Wert von $d^{\mathrm{eff}} = 94 \pm 23$ pmV^{-1} [51] im Rahmen der Fehlergrenzen überein.

Abbildung 3.21 zeigt die maximale, am Detektor gemessene Idlerleistung sowie die Transmission durch 25 cm Laborluft bei einer Luftfeuchte von 50 % [62] in Abhängigkeit von der Idlerfrequenz. Bei Frequenzen um 1,3 THz und 1,5 THz wurden bis zu 70 µW Idlerleistung generiert, bei knapp 3 THz sind es noch etwa 10 µW. Die Leistungschwankungen lassen sich hauptsächlich durch starke Wasserabsorption, welche z. B. eine Transmission von weniger als 1 % für Licht der Frequenz $\nu_{THz} = 1{,}66$ THz auf dem Weg vom nichtlinearen Kristall zum Detektor bewirkt, erklären.

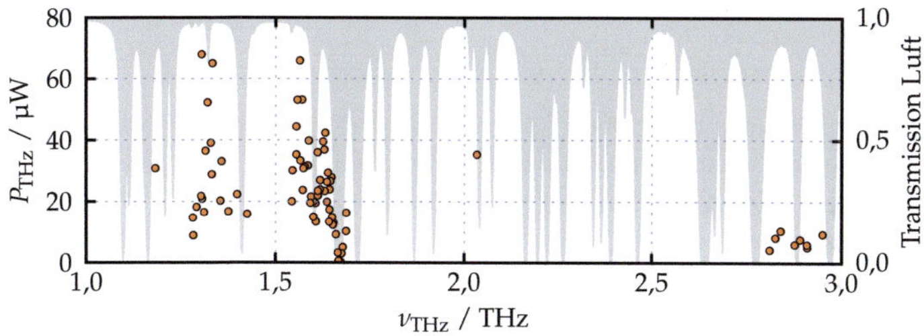

Abbildung 3.21: *Leistung der Idlerwelle in Abhängigkeit von der Idlerfrequenz. Der schattierte Bereich zeigt die Transmission durch 25 cm Luft mit einer Luftfeuchte von 50%.*

3.3.3 Durchstimmbarkeit

Über einen Temperaturbereich von Raumtemperatur bis 200 °C konnte die Idlerwelle des Vorwärtsprozesses von 1,2 – 3,13 THz durchgestimmt werden (80 µm $\geq \Lambda \geq$ 30 µm) und die Idlerwelle des Rückwärtsprozesses von 1,14 – 3,0 THz (35 µm $\geq \Lambda \geq$ 13,5 µm). Die Grenzen des Durchstimmbereichs sind dabei durch das nicht mehr mögliche Überschreiten der Pumpschwelle gegeben. Außerdem gibt es immer eine Konkurrenz zwischen dem Vorwärtsprozess und dem gleichzeitig möglichen Rückwärtsprozess, dessen erzeugte Idlerwellen etwa die halbe Frequenz der durch den Vorwärtsprozess erzeugten Idlerwellen haben. Bei Periodenlängen oberhalb von $\Lambda = 35$ µm springt aufgrund der niedrigeren Pumpschwelle nur noch der Vorwärtsprozess an, bei Periodenlängen unterhalb von 30 µm aus dem gleichen Grund nur noch der Rückwärtsprozess.

Abbildung 3.22 zeigt die aus Gleichung 2.11 berechnete theoretische Pumpschwelle (auf die resonatorinterne Leistung bezogen) für einen 2,5 cm langen Lithiumniobat-Kristall in Abhängigkeit von der Frequenz der Idlerwelle. Es ist zu erkennen, dass die Schwelle sowohl unterhalb von 1 THz, als auch oberhalb von 2,5 THz stark ansteigt. Zu niedrigen Frequenzen hin bestimmt der Einfluss der Idlerfrequenz auf die Verstärkung (2.4) das Ansteigen der Pumpschwelle proportional zu ν_i^{-1} und lässt sich prinzipiell nicht vermeiden. Der Anstieg der Pumpschwelle bei Frequenzen oberhalb von $\nu_i = 2{,}5$ THz wird durch die hohe Materialabsorption (siehe Abbildung 2.18) bewirkt, welche bei 3 THz bereits um einen Faktor 10 größer ist als bei 1 THz.

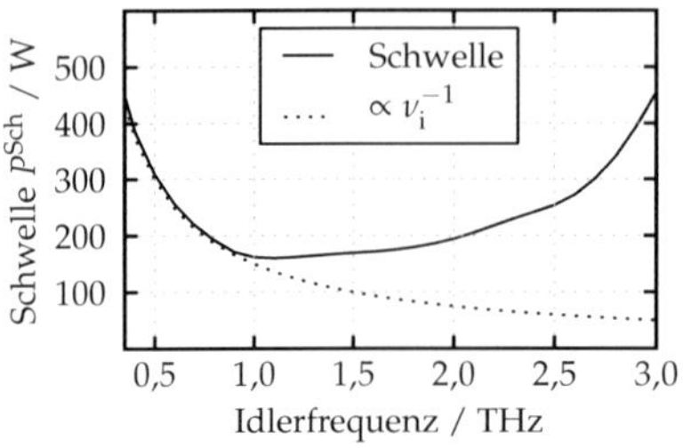

Abbildung 3.22: *Theoretische Pumpschwelle in Abhängigkeit von der Idlerfrequenz für den pumpüberhöhten OPO. Gepunktet ist die ν_i^{-1}-Abhängigkeit der Schwelle eingezeichnet. Die Parameter sind $d^{eff} = 85$ pmV^{-1}, Kristalllänge $L = 25$ mm, Resonatorverluste $V = 1{,}1$ %.*

Bei der Berechnung wurde nicht berücksichtigt, dass der nichtlineare Koeffizient zu höheren Frequenzen ansteigt und damit die Pumpschwelle sinkt. Zu niedrigen Frequenzen verringert sich außerdem der räumliche Überlapp der stark divergenten Idlerwelle mit der Pump- und Signalwelle und führt dort zu einer zusätzlichen Vergrößerung der Pumpschwelle. Insgesamt liegt der in Abbildung 3.22 gezeigte theoretische Verlauf der Pumpschwelle in der Realität zu etwas höheren Frequenzen hin verschoben, sodass der gemessene Durchstimmbereich von $1{,}14$ THz bis $3{,}13$ THz symmetrisch um das Minimum der Pumpschwelle liegt.

In Abbildung 3.15 ist außerdem zu erkennen, dass die maximale Temperatur, bei der parametrische Oszillation erreicht werden konnte, mit steigender Idlerfrequenz abfällt. Das ist dadurch zu erklären, dass die Materialabsorption nicht nur mit der Frequenz, sondern auch mit der Temperatur stark zunimmt [27] und somit die Pumpschwelle bei hohen Idlerfrequenzen nur bei niedrigen Temperaturen überschritten werden kann.

3.3.4 Strahlprofil

Die Anpassung eines GAUSS-Profils an das transversale Strahlprofil der THz-Welle ergibt im Fokus den horizontalen Strahlradius $w_{0,x} = (1{,}09 \pm 0{,}02)$ mm sowie den vertikalen Strahlradius $w_{0,y} = (1{,}18 \pm 0{,}02)$ mm (siehe Abbildung 3.16). Der THz-Strahl ist also leicht elliptisch mit einem Radienverhältnis $w_{0,y}/w_{0,x} = 0{,}92$. Die Elliptizität liegt wahrscheinlich an einer leichten Verkippung der beiden Off-Axis-Parabolspiegel O_1 und O_2.

Neben dem Strahlprofil im Fokus wurden weitere Strahlprofile in verschiedenen Abständen z vom Spiegel O_2 aufgezeichnet. Abbildung 3.17 zeigt die Abhängigkeit des horizontalen Strahlradius $w(z)$ vom Abstand z zwischen Messebene und Hohlspiegel O_2. Aus dem Verlauf lässt sich die Beugungsmaßzahl M^2 bestimmen, welche ein Maß für die Fokussierbarkeit eines Laserstrahls ist. Die Entwicklung des Strahlradius eines fokussierten Laserstrahls lässt sich unter Berücksichtigung der Beugungsmaßzahl schreiben als [66]

$$w(z) = w_0^2 + M^4 \left(\frac{\lambda}{\pi w_0}\right)^2 (z - z_0)^2. \tag{3.7}$$

Für einen perfekten GAUSSstrahl ist $M^2 = 1$. Die Anpassung von Gleichung 3.7 an den Verlauf des Strahlradius (siehe Abbildung 3.23) ergibt eine Beugungsmaßzahl $M^2 = 1{,}34 \pm 0{,}02$, was bedeutet, dass die THz-Welle nahezu beugungsbegrenzt fokussiert werden kann. Der Anpassungsparameter $z_0 = 11 \pm 0{,}3$ cm passt gut zur effektiven Fokuslänge des Off-Axis-Parabolspiegels von $11{,}9$ cm und bedeutet, dass die THz-Welle durch den ersten Off-Axis-Parabolspiegel O_1 gut kollimiert wird.

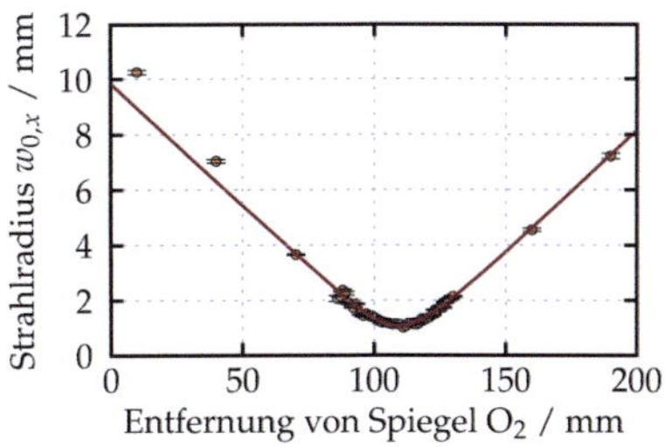

Abbildung 3.23: *Aus den Strahlprofilen ermittelter, horizontaler Strahlradius w_0 in Abhängigkeit vom Abstand vom Off-Axis-Parabolspiegel O_2. Die Anpassung ergibt eine Beugungsmaßzahl von $M^2 = 1{,}34 \pm 0{,}02$.*

3.3.5 Sellmeiergleichung für Lithiumniobat

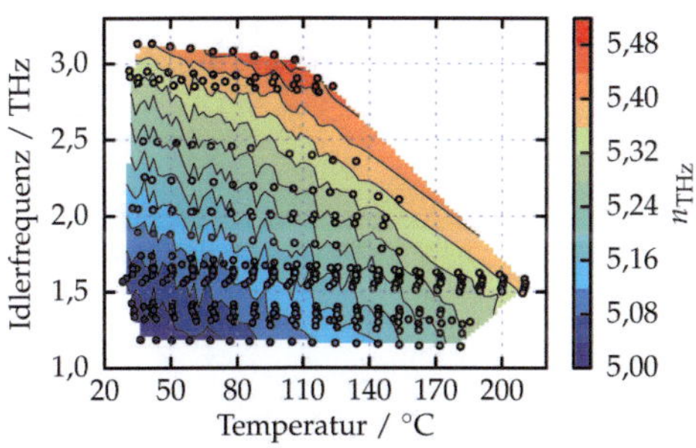

Abbildung 3.24: *Aus dem Durchstimmverhalten mit Hilfe der Phasenanpassungsbedingung berechnete Brechungsindices (farbcodiert) in Abhängigkeit von der Kristalltemperatur und der Idlerfrequenz. Der Hintergrund stellt eine lineare Interpolation der Messdaten dar.*

Aus den Durchstimmkurven (siehe Abbildung 3.15) kann mit Hilfe der Gleichung 3.5 für jede Polungsperiodenlänge Λ und jede Kristalltemperatur T der Brechungsindex für die außerordentlich polarisierte Idlerwelle berechnet werden. Die für die Berechnung notwendigen Brechungsindizes für die Pump- und Signalwelle wurden aus der im nahinfraroten Bereich gültigen Sellmeiergleichung [44] entnommen. Der Fehler des so ermittelten Brechungsindex setzt sich zusammen aus einem zufälligen Fehler von 1×10^{-4} durch die Verstärkungsbreite des parametrischen Prozesses, welche Werte bis 200 GHz bei Absorptionen bis 250/cm annimmt, sowie systematischen Fehlern von etwa 6×10^{-4} durch die mögliche Abweichung der nahinfraroten Sellmeiergleichungen und 3×10^{-4} für einen angenommenen Fehler in der absoluten

Kristalltemperatur am Ort der Resonatormode von ±5 °C. Der Gesamtfehler des Brechungsindex wird also auf $\pm 1 \times 10^{-3}$ und der Fehler in der Frequenz auf ±100 GHz abgeschätzt.

Abbildung 3.24 zeigt die ermittelten Brechungsindizes für alle 382 Messpunkte in Abhängigkeit von der Kristalltemperatur und der Idlerfrequenz. Der Brechungsindex nimmt Werte zwischen $n_{\text{THz}} = 5{,}0$ und $n_{\text{THz}} = 5{,}5$ an und steigt sowohl mit der Kristalltemperatur als auch mit der Idlerfrequenz.

Die Anpassung von Gleichung 3.6 ergibt den Parametersatz in Tabelle 3.1. Die Standardabweichung der Anpassung von den Messdaten ist 0,014 und damit etwa 0,3 % des Absolutwerts (siehe Abbildung 3.25). Eine Erweiterung der Sellmeiergleichung um einem zusätzlichen Oszillatorterm führte nicht zu einer Verbesserung der Anpassung.

Tabelle 3.1: Koeffizienten der THz-Sellmeiergleichung 3.6

Parameter	Wert	Parameter	Wert
a_0	24,326	b_0	$2{,}14 \times 10^{-5}$
a_1	31298	b_1	0,15824
a_2	48,084	b_2	$-3{,}097 \times 10^{-4}$

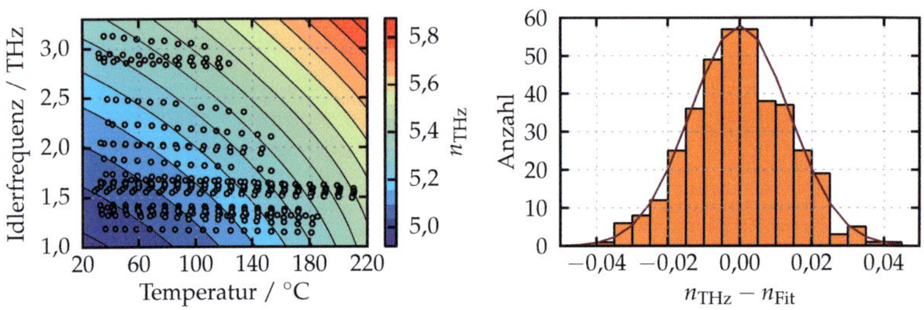

Abbildung 3.25: *Vergleich der aus den Messwerten ermittelten Brechungsindizes (farbcodiert) mit der Anpassung der Sellmeiergleichung 3.6 und den Parametern aus Tabelle 3.1. Rechts ist das Histogramm der Abweichungen zwischen der Anpassung und den Messdaten dargestellt. Die Standardabweichung beträgt* 0,014.

Für magnesiumdotiertes Lithiumniobat ist bisher noch keine temperaturabhängige Sellmeiergleichung bekannt, mit der die neu aufgestellte Gleichung direkt verglichen werden kann. Bei Temperaturen von 10, 100, 200 und 300 K hat PALFALVI eine Sellmeiergleichung für 6,1 mol-% MgO-dotiertes Lithiumniobat veröffentlicht [27], welches dem in der vorliegenden Arbeit verwendeten 5 mol-% Mgo-dotierten Material recht nahe kommt. Der Vergleich beider Sellmeiergleichungen ist in Abbildung 3.26 dargestellt. Die Gültigkeitsbereiche beider Sellmeiergleichungen berühren sich bei $T = 300$ K und schließen nahezu perfekt aneinander an (siehe Abbildung 3.26b). Bei der Temperatur 300 K beträgt der Unterschied des vorhergesagten Brechungsindex von $1-3$ THz maximal $0{,}02$, was etwa $0{,}4$ % des Absolutwertes entspricht (siehe Abbildung 3.26a).

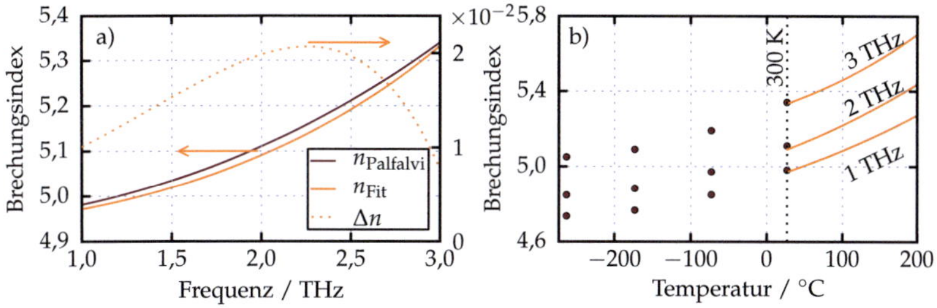

Abbildung 3.26: *Vergleich der Ergebnisse der neuen Sellmeiergleichung n_{Fit} mit Ergebnissen aus [27] für die Kristalltemperatur $T = 300$ K (a) und Extrapolation durch die in [27] ermittelten Werte bis $T = 10$ K (b).*

4 Kapitel Terahertz-Erzeugung mit DFG in GaAs

Im vorangegangenen Kapitel wurde die Erzeugung von THz-Wellen mit einem optisch-parametrischen Oszillator beschrieben, dessen Idlerwellenlänge im THz-Bereich liegt. Der Durchstimmbereich dieses Konzepts wird hauptsächlich durch die Pumpschwelle, und damit durch den nichtlinearen Koeffizienten, sowie die Absorption des verwendeten Kristallmaterials bestimmt. In diesem Kapitel wird eine weitere Möglichkeit der nichtlinear-optischen Erzeugung von THz-Wellen beschrieben, welche kein Schwellverhalten besitzt und damit potentiell weiter durchstimmbar ist. Hierzu wird ein doppelresonanter Typ-oeo-OPO am Degenerationspunkt um 2 µm betrieben, und die erzeugten Signal- und Idlerwellen werden resonatorintern zu ihrer Differenzfrequenz – der THz-Welle – gemischt.

4.1 Experimentelle Methoden

4.1.1 Aufbau

Der doppelresonante, optisch-parametrische Oszillator ist aus vier Hohlspiegeln mit 100 mm Krümmungsradius sowie zwei Planspiegeln aufgebaut (siehe Abbildung 4.1). Der Planspiegel KS ist als Auskoppelspiegel mit 0,9 % Transmission im Bereich 1980 – 2250 nm ausgelegt, alle anderen Spiegel sind hochreflektierend ($R > 99{,}8$ % im Bereich 1830–2180 nm) für die Signal- und Idlerwelle und hochtransparent ($R < 0{,}5\%$) für die Pumpwelle bei 1030 nm beschichtet. Zur Feinkontrolle der Resonatorlänge ist der zweite Planspiegel PS auf einem Piezotranslator montiert. Die Spiegel formen einen doppelt gefalteten Ringresonator mit einer optischen Länge von etwa 75 cm, was einem freien Spektralbereich von 400 MHz entspricht. Der Abstand der Hohlspiegel im unteren Resonatorarm beträgt 12,5 cm, der Abstand im oberen Arm 11 cm, und die Wegstrecke zwischen den Hohlspiegeln über die Planspiegel ist 25 cm.

Abbildung 4.2 zeigt den Strahlradius $w(z)$ der stabilen Resonatormode auf dem halben Umlauf durch den Resonator. Die zweite Hälfte eines Resonatorumlaufs ist aufgrund der Symmetrie des Resonators identisch. Im 2,5 cm langen OPO-Kristall K_1 liegt ein Fokus mit einem Strahlradius zwischen $w_0 = 72$ µm (mit 2 cm Lithiumniobat als K_2) und $w_0 = 88$ µm (ohne Kristall K_2). Der Fokus im Differenzfrequenz-Mischkristall K_2 ist mit $w_0 \approx 95$ µm nahezu unabhängig von der optischen Länge des Kristalls K_2, ohne dass Spiegelpositionen verändert werden müssen.

Als Pumpquelle dient ein Yb:YAG-Scheibenlaser (Firma ELS) der Emissionswellenlänge 1030 nm und einer maximalen Ausgangsleistung von 23 W, wovon etwa 16 W

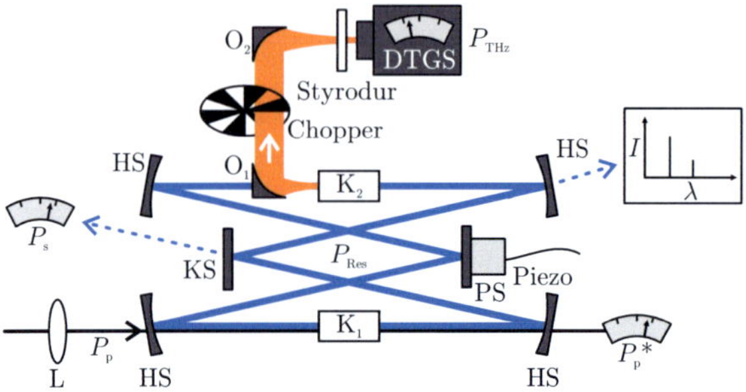

Abbildung 4.1: *Schematischer Aufbau des doppelresonanten, optisch-parametrischen Oszillators mit Differenzfrequenzmischung von Signal- und Idlerwelle in GaAs. L: Einkoppellinse, HS: Hohlspiegel, PS: Planspiegel, KS: Auskoppelspiegel, K_1: OPO-Kristall, K_2: DFG-Kristall. Die THz-Welle wird mit zwei Off-Axis-Parabolspiegeln $O_{1,2}$ über einen Chopper auf den DTGS-Detektor gelenkt. Die Symbole P_p, P_p^*, P_s, P_{Res} und P_{THz} bezeichnen die einfallende Pumpleistung, die nicht konvertierte Pumpleistung, die ausgekoppelte Signal- und Idlerleistung, die resonatorinterne Leistung und die Leistung der THz-Welle.*

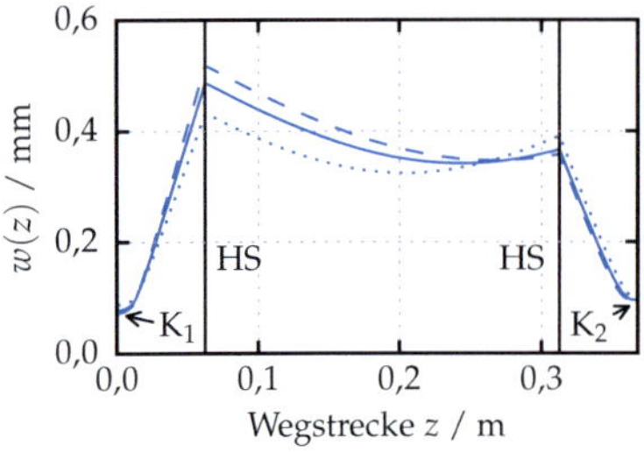

Abbildung 4.2: *Entwicklung des Strahlradius $w(z)$ der im Resonator geführten Mode beim halben Resonatorumlauf für folgende Kristalle K_2: 20 mm Lithiumniobat (- -), 10 mm GaAs (–), ohne K_2 (· · ·). Mit K_1, K_2 und HS sind die Positionen des OPO-Kristalls, des Differenzfrequenzkristalls und der Hohlspiegel gekennzeichnet.*

am Eingang des OPOs zur Verfügung stehen. Die Pumpstrahlung wird mit einer Linse L mit Brennweite $f = 100$ mm auf einen Strahlradius von $w_0 = 60$ µm in Kristall K_1 fokussiert und verlässt den Resonator durch einen Hohlspiegel. Die Pumpwelle ist in Bezug auf den OPO-Kristall ordentlich polarisiert, Signal- und Idlerwelle besitzen gekreuzte Polarisation, wobei im folgenden die ordentlich polarisierte Welle als Signalwelle und die außerordentlich polarisierte Welle als Idlerwelle bezeichnet wird. Diese Konfiguration wird auch Typ-oeo-OPO genannt (siehe Abbildung 2.6).

Die von Signal- und Idlerwelle im Differenzfrequenzkristall K_2 erzeugte THz-Welle verlässt den Kristall in Vorwärtsrichtung und wird über einen Off-Axis-Parabolspiegel O_1 (Brennweite 25 mm) aus dem Resonator reflektiert und gleichzeitig kollimiert. Signal- und Idlerwelle können den Spiegel durch ein gebohrtes Loch mit $1{,}5$ mm Durchmesser ungehindert passieren. Der kollimierte THz-Strahl wird von einem Chopper mit einer Frequenz von 10 Hz periodisch unterbrochen und über einen zweiten Off-Axis Parabolspiegel O_2 auf den DLaTGS-Detektor fokussiert. Um eventuelles Restlicht der Signal- und Idlerwelle herauszufiltern, wird vor dem Detektor ein 0,5 Zoll dicker Styrodur 4000 CS-Filter eingesetzt.

Der OPO-Kristall K_1 ist ein 25 mm langer, 5 mol-% MgO-dotierter Lithiumniobat-Kristall mit der Polungsperiodenlänge $\Lambda = 13{,}5$ µm (Hersteller HC-Photonics, Taiwan), welcher für die Pumpwelle sowie um 2060 nm antireflexionsbeschichtet ist ($R \approx 0{,}2$ %). Zur Differenzfrequenzmischung stehen 10 mm lange Galliumarsenidkristalle mit QPM-Periodenlängen von $\Lambda = 1{,}7$ mm und $\Lambda = 0{,}78$ mm sowie ein 5 mm langer Galliumarsenidkristall mit $\Lambda = 0{,}46$ mm zur Verfügung. Außerdem wurde ein 0,5 mm dicker Galliumarsenid-Wafer eingesetzt. Alle Galliumarsenid-Kristalle sind um 2060 nm antireflexionsbeschichtet ($R < 0{,}5$ %) und stammen von BAE-Systems, Vereinigtes Königreich. Zum Vergleich wurde außerdem ein 20 mm langer Lithiumniobatkristall ohne aktive Polungsperiode, welcher ebenfalls eine Antireflexionsbeschichtung mit $R < 0{,}2$ % besitzt, an Stelle des Differenzfrequenzkristalls eingesetzt.

MACH-ZEHNDER-Interferometer

Die Untersuchung der im Differenzfrequenz-Kristall K_2 induzierten thermischen Linse erfolgt mit einem MACH-ZEHNDER-Interferometer [67, 68] (siehe Abbildung 4.3), welches bei der Wellenlänge 1030 nm betrieben wird. Das Licht im Probenarm des Interferometers durchläuft zwei Hohlspiegel sowie den Differenzfrequenzkristall im optisch-parametrischen Oszillator. Da die beiden Hohlspiegel eine Krümmung der Wellenfronten verursachen, befindet sich eine konvexe Linse L im Probenarm, sodass die Phasenfronten nach Durchgang durch den zweiten Hohlspiegel wieder eben sind. Die Länge des Referenzarms kann mit einem Piezotranslator kontrolliert werden. Das durch Überlagerung von Proben- und Referenzarm entstehende Interferenzmuster wird mit einer CCD-Kamera (Auflösung 1600×1200 Pixel) und einer Linse, welche die Kristallmitte von K_2 auf dem CCD-Chip abbildet, aufgezeichnet. Die Breite eines Pixels und damit die Auflösung des aufgenommenen Bildes entspricht 7,16 µm im Kristall.

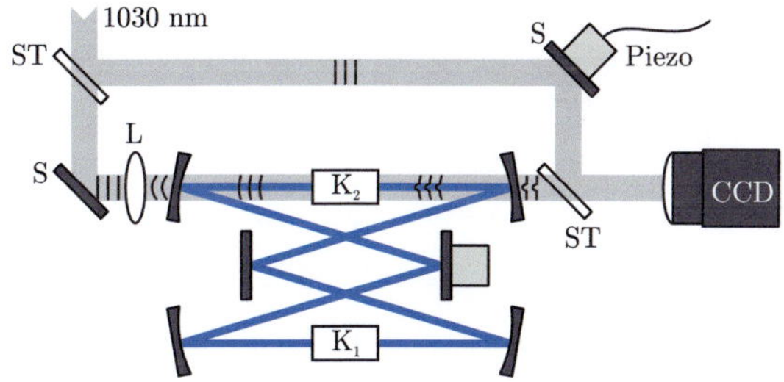

Abbildung 4.3: *Aufbau zur Beobachtung der thermischen Linse im Differenzfrequenzkristall K_2: Zwei Strahlteiler ST und zwei Planspiegel S bilden ein MACH-ZEHNDER-Interferometer. Die Linse L dient zur Kompensation der Wellenfrontverzerrung durch die Resonator-Hohlspiegel.*

Bestimmung der Phasenänderung

Zur Bestimmung der durch die thermische Linse induzierten relativen Phasenänderung im Probenarm wird die Phasenschrittinterferometrie eingesetzt [69]. Dazu werden drei Interferenzbilder mit der CCD-Kamera aufgezeichnet, wobei das zweite Bild um eine globale Phase Θ und das dritte Bild um 2Θ gegenüber dem ersten Bild phasenverschoben ist. Die globale Phasenverschiebung wird mit dem Piezotranslator eingestellt. Aus den drei Intensitäten $I_{1,2,3}$ lässt sich dann pixelweise die Phasendifferenz zwischen Referenz- und Probenarm berechnen [69]:

$$\Phi = \arctan\left(\frac{(I_3 - I_1)(\cos\Theta - 1) - (I_2 - I_1)(\cos 2\Theta - 1)}{(I_3 - I_1)\sin\Theta - (I_2 - I_1)\sin 2\Theta}\right). \tag{4.1}$$

Da der Arkustangens nur Werte zwischen $-\pi/2$ und $\pi/2$ liefert, weisen die so erhaltenen Bilder noch Unstetigkeiten an den Definitionsgrenzen des Arkustangens auf, welche durch Addition von Vielfachen von π mit sogenannten „unwrapping"-Algorithmen verstetigt werden können. Zur Phasenanalyse und Verstetigung wird die Software FRAN von der Universität Warwick, Vereinigtes Königreich, verwendet [70].

Da für die Berechnung die Phasenverschiebung Θ bekannt sein muss, wird die Translation des Piezoaktors in Abhängigkeit von der angelegten Spannung kalibriert. Hierzu wird mit einer Photodiode die Intensität im Zentrum des Interferenzsignals gegen die Piezospannung aufgezeichnet (siehe Abbildung 4.4). Im Spannungsbereich zwischen 100 und 400 V ergibt sich eine lineare Phasenänderung von $2\pi/(44{,}3\text{ V})$. Im Experiment werden drei Phasenbilder mit jeweils 10 V Spannungsunterschied aufgenommen, was einer Phasendifferenz von $\Theta = 81{,}4°$ entspricht.

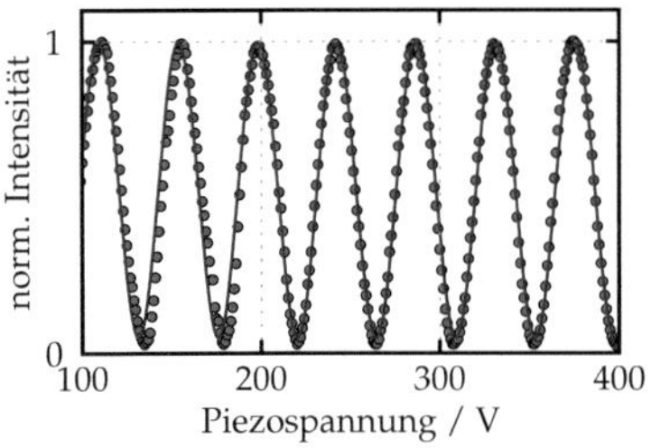

Abbildung 4.4: *Kalibrierung der Phasenverschiebung zwischen Referenz- und Probenarm in Abhängigkeit von der Piezospannung. Die Anpassung einer Sinusfunktion ergibt eine Periodizität von 44,3 V.*

4.2 Ergebnisse

4.2.1 Infrarot-OPO

Durchstimmbarkeit und Linienbreite

Abbildung 4.5 zeigt das Durchstimmverhalten des optisch-parametrischen Oszillators für Temperaturen zwischen 30 °C und 180 °C bei der Periodenlänge $\Lambda = 13{,}5$ µm. Signal- und Idlerwelle decken lückenlos den Bereich zwischen 1960 nm und 2160 nm symmetrisch um den Degenerationspunkt bei 2060 nm ab, was Differenzfrequenzen von 0 THz bis 15 THz entspricht.

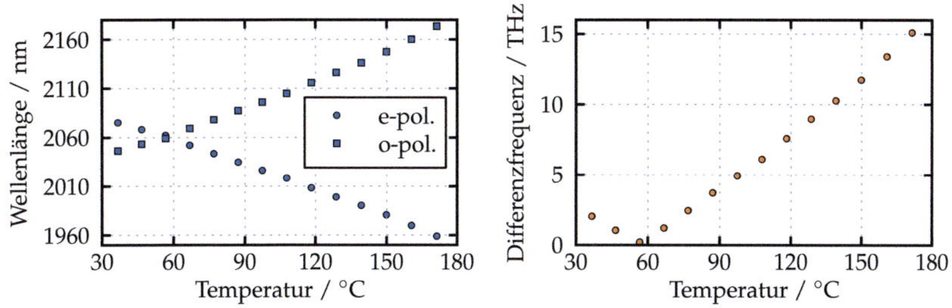

Abbildung 4.5: *Temperaturdurchstimmbarkeit der ordentlich polarisierten (o-pol) Signalwelle und der außerordentlich polarisierten (e-pol) Idlerwelle für die Periodenlänge $\Lambda = 13{,}5$ µm (links) sowie die aus den Wellenlängen berechnete Differenzfrequenz (rechts).*

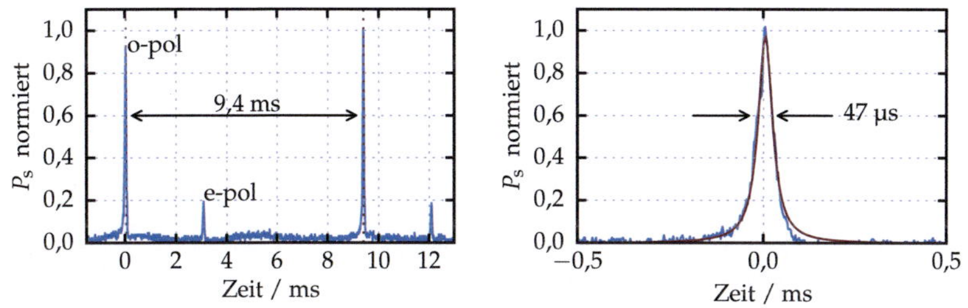

Abbildung 4.6: Fabry-Pérot-*Spektrum der umlaufenden Signal- und Idlerwelle (links) und vergrößerter Ausschnitt der Signalwelle (rechts) zur Bestimmung der Linienbreite.*

Abbildung 4.6 zeigt das bei einer Differenzfrequenz von 2 THz mit einem Scanning-Fabry-Pérot-Interferometer hinter dem Auskoppelspiegel aufgenommene Spektrum von Signal- und Idlerwelle. Mit dem freien Spektralbereich des FPIs von 1 5 GHz ergibt sich daraus eine maximale Linienbreite der umlaufenden Wellen von

$$\Delta\nu_{\mathrm{s,i}} \leq \frac{47}{9400} \times 1{,}5\ \mathrm{GHz} = 7{,}5\ \mathrm{MHz}.$$

Resonatorinterne Leistung

Für den späteren Differenzfrequenz-Mischprozess ist nicht nur das spektrale Verhalten, sondern auch die resonatorinterne Leistung der umlaufenden Signal- und Idlerwelle von entscheidender Bedeutung. Abbildung 4.7 zeigt für verschiedene Differenzfrequenzkristalle die Summe der resonatorinternen Leistungen von Signal- und Idlerwelle, sowie die aus Pumpleistung P_{p} und unterdrückter Pumpleistung P_{p}^{*} berechnete Konversionseffizienz η des parametrischen Prozesses:

$$\eta = 1 - \frac{P_{\mathrm{p}}^{*}}{P_{\mathrm{p}}}. \tag{4.2}$$

Die resonatorinternen Leistungswerte wurden aus der durch den Auskoppelspiegel transmittierten Leistung ermittelt. Bei allen Messungen wurde die gleiche Resonatorkonfiguration verwendet und nur der jeweilige Differenzfrequenzkristall ausgetauscht. Ohne Mischkristall werden resonatorinterne Leistungen bis zu 450 W bei Konversionseffizienzen bis zu 60 % erreicht. Mit 10 mm GaAs sinkt die resonatorinterne Leistung bei nur leicht erhöhter Schwelle um einen Faktor vier, und die Effizienz fällt auf etwa 25 % ab.

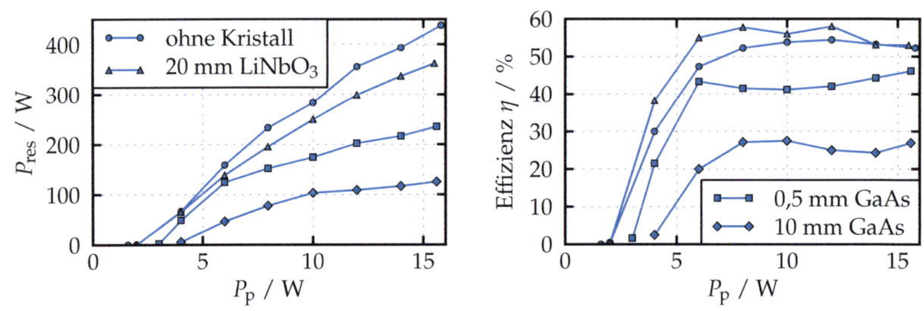

Abbildung 4.7: *Resonatorinterne Leistung (links) sowie Konversionseffizienz bezogen auf die Pumpleistung (rechts) für verschiedene Mischkristalle: ohne DFG-Kristall, 20 mm Lithiumniobat, 0,5 mm GaAs und 10 mm GaAs.*

Thermische Linse in GaAs

Der Einfluss des GaAs-Mischkristalls auf den Resonator wurde wie in Abschnitt 4.1.1 beschrieben mit einem Mach-Zehnder-Interferometer bei laufendem Betrieb des optisch-parametrischen Oszillators untersucht. Abbildung 4.8 zeigt Interferogramme für Resonatorleistungen bis $P_{Res} = 102\ W$ unter Verwendung eines 10 mm langen GaAs Mischkristalls. Das Interferometer wurde so justiert, dass das Interferogramm innerhalb des GaAs-Kristalls bei nicht laufendem Oszillator eine möglichst konstante Phase aufweist. Das Streifenmuster außerhalb des Kristalls ist ein Hinweis darauf, dass Ein- und Austrittsfläche des GaAs-Kristalls zueinander eine leichte Keiligkeit besitzen.

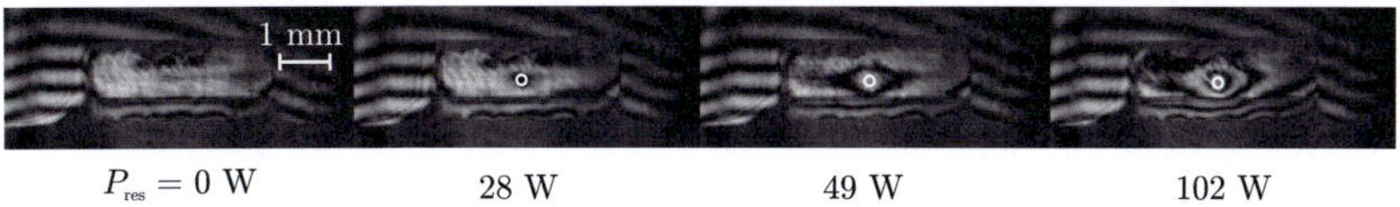

Abbildung 4.8: *Interferogramme eines 10 mm langen GaAs-Kristalls für resonatorinterne Leistungen von 0, 28, 49 und 102 W. Der weiße Kreis hat den gleichen Radius w_0 wie die Signal- und Idlerwelle am Ort des Kristalls.*

Mit dem in Abschnitt 4.1.1 beschriebenen Phasenschrittverfahren wurde für verschiedene resonatorinterne Leistung der absolute Phasenverlauf ermittelt. Abbildung 4.9 zeigt horizontale Schnitte durch die ermittelten transversalen Phasenprofile für einen 10 mm langen GaAs-Kristall sowie einen 20 mm langen Lithiumniobat-Kristall. Im Zentrum des Strahls wird in GaAs eine zusätzliche Phase von 5π bei einer resonatorinternen Leistung von 102 W akkumuliert, bei Lithiumniobat ist es nur etwa π bei 278 W.

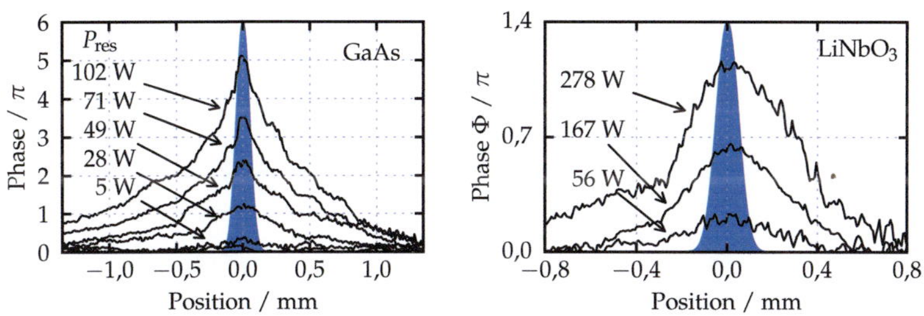

Abbildung 4.9: *Horizontaler Phasenverlauf für verschiedene resonatorinterne Leistungen P_{Res} eines 10 mm langen GaAs-Kristalls (links) sowie eines 20 mm langen Lithiumniobat-Kristalls (rechts). In Blau ist das Strahlprofil der resonanten Wellen mit $w_0 = 95\ \mu m$ eingezeichnet.*

4.2.2 THz-Differenzfrequenzmischung in GaAs

Durchstimmbarkeit und Leistung

Abbildung 4.10 zeigt die bei maximaler Pumpleistung erreichten THz-Leistungen für verschiedene GaAs-Mischkristalle: Einen Kristall mit 5 mm Länge und QPM-

Periode $\Lambda = 0{,}46$ mm für Phasenanpassung bei etwa 3 THz, einen 10 mm langen Kristall mit QPM-Periode $\Lambda = 0{,}78$ mm für Phasenanpassung bei etwa 2 THz, einen 10 mm langen Kristall mit QPM-Periode $\Lambda = 1{,}7$ mm für Phasenanpassung bei etwa 1 THz sowie einen GaAs-Wafer mit 500 µm Dicke. Die [001]-Kristallrichtung des GaAs ist dabei parallel zur Polarisation der Idlerwelle orientiert (siehe Abbildung 2.8). Die resonatorinterne Leistung der Signal- und Idlerwelle beträgt bei den periodisch orientierten Proben etwa 100 W, für den GaAs-Wafer etwa 250 W. Neben den Hauptmaxima mit Leistungen von 14 µW ($\approx$ 3 THz), 32 µW ($\approx$ 2 THz), 14 µW ($\approx$ 1 THz) und 2,5 µW (Wafer) sind bei den für 1 und 2 THz quasiphasenangepassten Proben auch Nebenmaxima zu erkennen, in denen bis zu 7 µW bei 4,3 THz erzeugt werden.

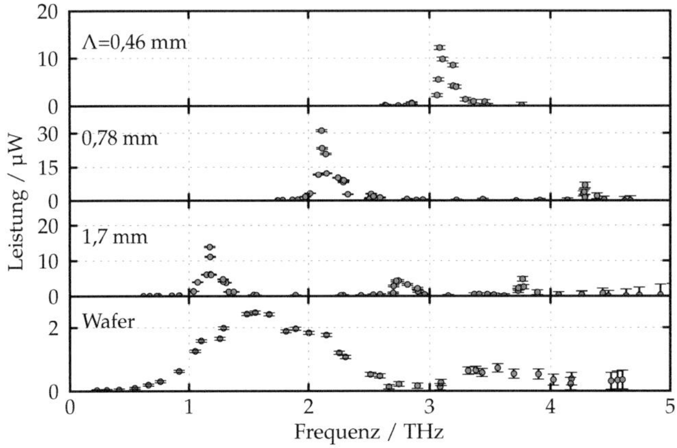

Abbildung 4.10: *Frequenzabhängigkeit der THz-Leistung für verschiedene Differenzfrequenzkristalle (von oben nach unten): 5 mm GaAs mit $\Lambda = 0{,}46$ mm, 10 mm GaAs mit $\Lambda = 0{,}78$ mm, 10 mm GaAs mit $\Lambda = 1{,}7$ mm sowie ein 0,5 mm dicker GaAs-Wafer.*

Polarisation

Mit einem Gitterpolarisator wurde die Polarisation der THz-Welle für die verschiedenen GaAs-Mischkristalle ermittelt. Abbildung 4.11 zeigt die mit der Golayzelle gemessene, untergrundkorrigierte und normierte Leistung hinter dem Polarisator gegen den Winkel des Polarisators für zwei Orientierungen des 0,5 mm dicken GaAs-Wafers. Ein Winkel von 0° bedeutet dabei, dass die Gitterdrähte des Polarisators horizontal, also parallel zur Polarisation der Pump- und Signalwelle des parametrischen Oszillators, liegen.

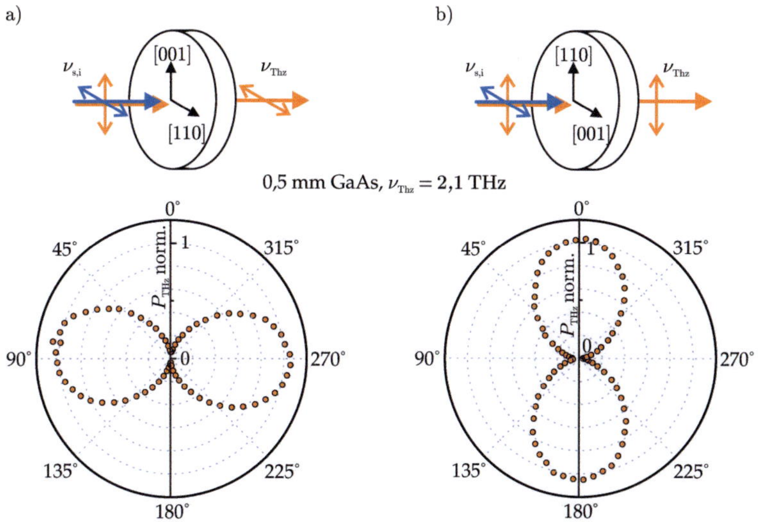

Abbildung 4.11: *Transmittierte THz-Leistung in Abhängigkeit vom Winkel des Gitterpolarisators für verschiedene Ausrichtung des 0,5 mm dicken GaAs-Wafers: [110]-Kristallrichtung parallel (a) und senkrecht (b) zur Signalwelle. Die Frequenz der THz-Welle beträgt 2,1 THz.*

Abbildung 4.12 zeigt die auf gleiche Weise gemessene Winkelabhängigkeit der durch den Polarisator transmittierten Leistung für die 10 mm lange periodisch orientierte Galliumarsenid-Probe mit Periodenlänge $\Lambda = 0{,}78$ mm.

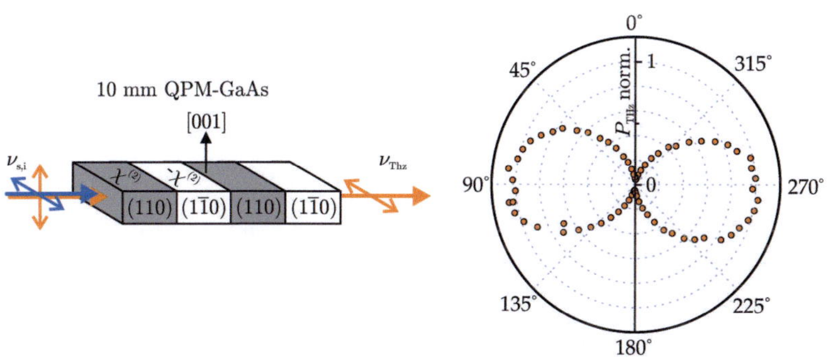

Abbildung 4.12: *Transmittierte THz-Leistung in Abhängigkeit vom Winkel des Gitterpolarisators für einen 10 mm langen periodisch orientierten GaAs-Kristall. Die Frequenz der THz-Welle beträgt 2,1 THz.*

Strahlprofil

Für die Anwendbarkeit der THz-Strahlung ist das Strahlprofil von großer Bedeutung. Abbildung 4.13 zeigt die transversale Leistungsverteilung der Differenzfrequenzwelle bei 2,1 THz unter Verwendung des 10 mm langen GaAs-Mischkristalls mit einer QPM-Periode von $\Lambda = 0{,}78$ mm. Das Strahlprofil wurde im kollimierten Strahl 15 cm hinter dem ersten Off-Axis-Parabolspiegel O_1 (siehe Abbildung 4.1) mit einer Kreisblende mit Durchmesser 1 mm abgerastert.

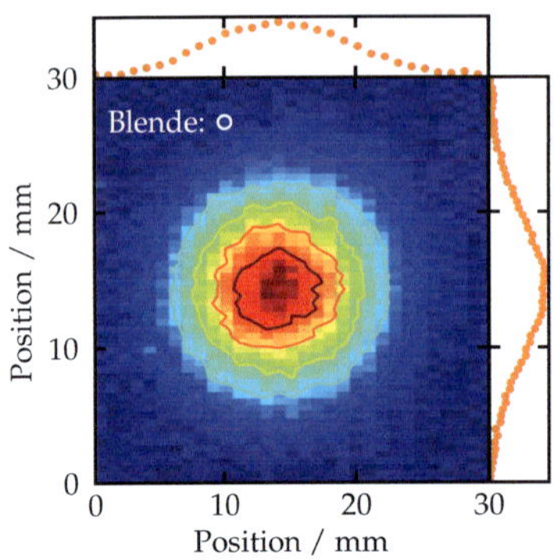

Abbildung 4.13: *Strahlprofil des kollimierten THz-Strahls bei der Frequenz 2,1 THz. Die Kreisblende vor dem DLaTGS-Detektor hatte einen Durchmesser von 1 mm (weißer Kreis). Die gepunkteten Kurven zeigen den Intensitätsverlauf entlang zweier Schnitte durch die Strahlmitte.*

4.3 Diskussion

4.3.1 Infrarot-OPO

Durchstimmbarkeit und Linienbreite

Signal- und Idlerwelle lassen sich durch Temperaturänderung von 30 °C bis 180 °C in einem Bereich von ±100 nm um den Entartungsbereich durchstimmen, was Differenzfrequenzen von 0 THz bis 15 THz entspricht (siehe Abbildung 4.14). Da die Oszillation am wahrscheinlichsten bei demjenigen Signal- und Idlerwellenlängenpaar startet, welches die Phasenanpassungsbedingung 2.8 mit $\Delta k = 0$ erfüllt, lässt sich das Durchstimmverhalten durch Nullsetzen von Gleichung 2.8 theoretisch vorhersagen. Verwendet man die Sellmeiergleichung von Yao et al. [47] für die ordentlich polarisierte Pump- und Signalwelle sowie die Sellmeiergleichung von Paul et al. [44] für die außerordentlich polarisierte Idlerwelle, so ergibt sich eine Abweichung von etwa 150 nm von den gemessenen Werten (gestrichelte Linie in Abbildung 4.14.). Nach Subtraktion eines konstanten Werts $6{,}4 \times 10^{-3}$ von der von Yao et al. veröffentlichten Sellmeiergleichung weicht der theoretische Verlauf weniger als 10 nm von den

Messwerten ab. Der nötige Offset, welcher als Korrektur für die Doppelbrechung des Materials verstanden werden kann, lässt sich durch die verschiedenen Bestimmungsmethoden der Sellmeiergleichungen sowie die von der Kristallzusammensetzung abhängige Doppelbrechung [71] erklären. Er liegt außerdem in der Größenordnung der Abweichung zwischen den veröffentlichten Brechungsindexwerten des außerordentlichen Brechungsindex [42, 46, 47].

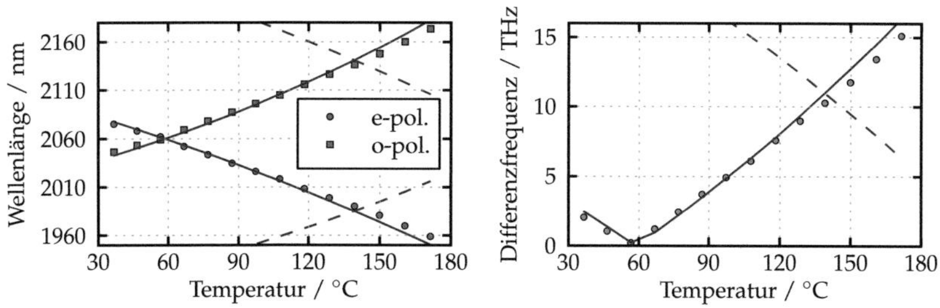

Abbildung 4.14: *Gemessene Temperaturabhängigkeit der ordentlich polarisierten Signal- und der außerordentlich polarisierten Idlerwelle (links) sowie deren Differenzfrequenz (rechts). Kreise und Quadrate stellen Messdaten dar. Gestrichelt ist der theoretische Verlauf unter Verwendung der Sellmeiergleichung für die ordentlich polarisierten Wellen von Yao et al. [47] sowie für die außerordentlich polarisierte Welle von Paul et al. [44] eingezeichnet. Die durchgezogenen Linien zeigen die Vorhersage unter Verwendung einer modifizierten Sellmeiergleichung für die ordentlich polarisierten Wellen (siehe Text).*

Abbildung 4.6 zeigt, dass die parametrische Oszillation einmodig läuft. Betrachtet man den freien Spektralbereich des Spiegelresonators von etwa 400 MHz und die Verstärkungsbreite des parametrischen Prozesses von 150 GHz (siehe Abbildung 2.7), könnte man zu dem Schluss kommen, dass mehrere hundert Resonatormoden gegenseitig konkurrieren, sodass sich daraus nicht automatisch ein einmodiger Betrieb ergeben würde.

In der folgenden Betrachtung wird angenommen, dass die parametrische Oszillation bei den Signal- und Idlerfrequenzen ν_{s0} und ν_{i0} startet, weil für dieses Frequenzpaar die Resonanzbedingung des Resonators sowie die Energieerhaltungsbedingung der parametrischen Konversion (Gleichung 2.3) erfüllt sind. Abbildung 4.15 zeigt exemplarisch die Resonanzen des gemeinsamen Spiegelresonators für die Signal- und Idlerwelle für Frequenzen $\nu_s = \nu_{s0} + \Delta\nu_s$ und $\nu_i = \nu_{i0} - \Delta\nu_s$, dargestellt durch die Leistungsüberhöhung des Resonators bei der jeweiligen Frequenz (siehe Gleichung 2.15). Durch die Doppelbrechung des Lithiumniobats unterscheiden sich die freien Spektralbereiche der Signalwelle FSR_s und der Idlerwelle FSR_i leicht. Für benachbarte Resonatormoden der Signalwelle mit $\Delta\nu_s = N \times FSR_s$ „trifft"die zugehörige Idlerfrequenz daher nicht automatisch eine Resonanzfrequenz des Resonators und erleidet unter Umständen hohe Verluste, sodass die parametrische Oszillation nicht starten kann.

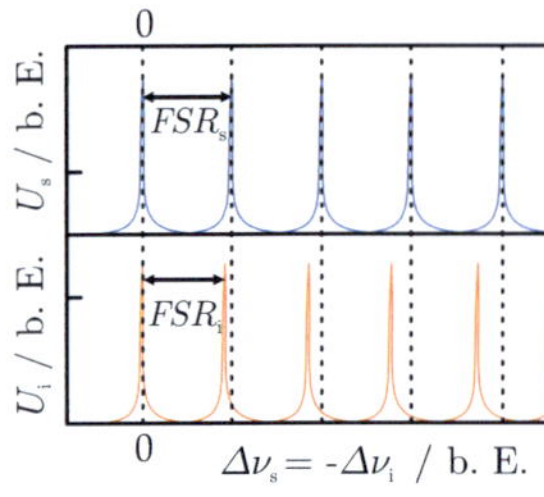

Abbildung 4.15: *Schematische Darstellung der Fabry-Pérot-Resonanzen des doppelresonanten Resonators für die Signal- und Idlerwelle. Die freien Spektralbereiche der Signal- und Idlerwelle unterscheiden sich durch die Doppelbrechung im Lithiumniobat leicht.*

Ein Maß für die Verluste beziehungsweise die Wahrscheinlichkeit, dass die parametrische Oszillation bei dieser Signalfrequenz starten kann, ist das Produkt der Überhöhungen für die Signal- und Idlerwelle. Abbildung 4.16a) zeigt das normierte Produkt aus Signal- und Idlerüberhöhung, $U_s \times U_i$, für Frequenzverschiebungen bis $\Delta\nu_s = 150$ GHz sowie die Signalverstärkung des 2,5 cm langen OPO-Kristalls, wobei Resonatorverluste von 2 % angenommen werden. Aufgrund des unterschiedlichen freien Spektralbereichs und der verschiedenen Dispersion bei der Signal- und Idlerwellenlänge überlagern sich die Modenkämme für die Signal- und Idlerwelle nur alle 140 GHz zu den sogenannten Modenclustern [72]. Da dies ungefähr der Bandbreite der parametrischen Verstärkung entspricht, ist nur innerhalb des zentralen Modenclusters parametrische Oszillation möglich. In Abbildung 4.16b) ist dieser zentrale Modencluster vergrößert dargestellt. Relativ zum zentralen Modenpaar, bei dem perfekte Resonanz angenommen wurde, besitzen alle weiteren Modenpaare ein wesentlich niedrigeres Produkt der Überhöhungen $U_s \times U_i$, sodass hier ein Anschwingen der parametrischen Oszillation unterdrückt wird. Insgesamt ist es also sehr unwahrscheinlich, dass im vorliegenden parametrischen Oszillator eine Oszillation bei einem zweiten Signal- und Idlermodenpaar startet, und der OPO kann als intrinsisch einmodig bezeichnet werden.

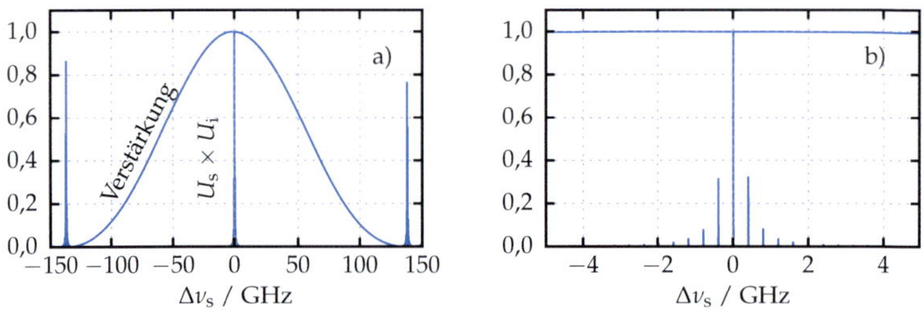

Abbildung 4.16: *Produkt aus Signal- und Idlerüberhöhung sowie parametrische Verstärkung bei Verschiebung der Signalfrequenz. Bei der Verschiebung $\Delta\nu_s = 0$ GHz wird Resonanz von Signal- und Idlerwelle sowie das Maximum der parametrischen Verstärkung angenommen. Rechts ist ein Ausschnitt für kleine Frequenzverschiebungen vergrößert dargestellt.*

Pumpschwelle und resonatorinterne Leistung

Die Pumpschwelle der parametrischen Oszillation liegt für den Resonator ohne Differenzfrequenzkristall bei $P^{\mathrm{Sch}} = 1{,}6 \pm 0{,}1$ W (siehe Abbildung 4.7). Unter der Annahme gleicher Verluste für die Signal- und Idlerwelle ergibt sich damit nach Gleichung 2.12 ein Gesamtverlust von $V_{\mathrm{s}} = V_{\mathrm{i}} = 2{,}3 \pm 0{,}1$ %, was sehr gut zu den addierten Verlusten am Auskoppelspiegel ($T = 0{,}9$ %), fünf hochreflektierenden Resonatorspiegeln ($T < 0{,}2$ %) und den zwei Kristallflächen ($T \approx 99{,}8$ %) passt. Mit Lithiumniobat als Differenzfrequenzkristall erhöht sich die Schwelle um $0{,}4$ W, was Gesamtverlusten von $2{,}6 \pm 0{,}1$ % entspricht und damit nur 0,3 % höher ist als ohne Differenzfrequenzkristall.

Durch die 1 cm lange periodisch orientierte GaAs-Probe erhöht sich die Schwelle auf $(3{,}2 \pm 0{,}2)$ W, was Umlaufverlusten von $V_{\mathrm{s}} = V_{\mathrm{i}} = 3{,}2 \pm 0{,}4$ % entspricht. Die Galliumarsenidkristalle verursachen also einen zusätzlichen Verlust von $0{,}9 \pm 0{,}4$ % im Resonator, was deutlich mehr als die vom Hersteller angegebene Restreflektivität von $R < 0{,}1$ % pro Fläche ist. Nimmt man an, dass die erhöhte Schwelle komplett auf Absorption im Galliumarsenid bei 2 µm zurückzuführen ist, ergibt sich mit der Kristallänge $L = 10$ mm ein Absorptionswert von

$$\alpha_{\mathrm{GaAs}} = -\frac{1}{L} \ln(1 - V) = 0{,}9 \ \pm 0{,}4 \,\mathrm{m}^{-1}. \tag{4.3}$$

Auf die Absorption des Galliumarsenids bei Wellenlängen um 2 µm wird im folgenden Abschnitt genauer eingegangen.

Die erreichte resonatorinterne Leistung bei maximaler Pumpleistung fällt von 450 W beim ohne Differenzfrequenzkristall laufenden Resonator auf nur noch etwa 100 W mit 1 cm GaAs als Differenzfrequenzkristall ab und zeigt ein Sättigungsverhalten (siehe Abbildung 4.7). Dieses Verhalten geht mit einem Einbruch der Konversionseffizienz von 60 % auf 25 % einher und kann nicht durch die leicht erhöhte Schwelle, welche keinen Einfluss auf die maximale Konversionseffizienz hat [73], erklärt werden. Auch die durch den zusätzlichen optischen Weg im Differenzfrequenzkristall veränderte Resonatorgeometrie kann den Einbruch nicht erklären, da sich die im Resonator stabil geführten Moden für die verschiedenen Differenzfrequenzkristalle nur minimal in ihren Strahlradien unterscheiden (siehe Abbildung 4.2).

Thermische Linse in GaAs

Als Ursache für die Begrenzung der resonatorinternen Leistung wird der Aufbau einer thermischen Linse im GaAs-Mischkristall vermutet. Abbildung 4.9 zeigt die vom Differenzfrequenzkristall zusätzlich induzierte Phasenverschiebung der umlaufenden Wellen für verschiedene resonatorinterne Leistungen. Die Phasenverschiebung wird in GaAs hauptsächlich durch den thermo-optischen Effekt bewirkt (siehe Abschnitt 2.5.1). Abbildung 4.17a zeigt Anpassungen von Gleichung 2.23 an die gemessenen Phasenprofile im Galliumarsenid, wobei als Anpassungsparameter nur die absorbierte Leistung P_H sowie ein Phasenoffset Φ_0, welcher der unbekannten Absolutphase der aufgenommenen Interferogramme Rechnung trägt, variiert wurden. Bei einer resonatorinternen Leistung von 102 W beträgt die aus der Anpassung ermittelte absorbierte Leistung $P_\mathrm{H} = 0{,}75 \pm 0{,}01$ W. Aus der absorbierten Leistung, der resonatorinternen Leistung sowie der Kristalllänge kann der Absorptionskoeffizient des Materials berechnet werden:

$$\alpha = -\frac{1}{L} \ln\left(1 - \frac{P_\mathrm{H}}{P_\mathrm{Res}}\right). \tag{4.4}$$

Für alle resonatorinternen Leistungen ergibt sich übereinstimmend der Wert

$$\alpha_\mathrm{GaAs} = (7{,}1 \times 10^{-1} \pm 3 \times 10^{-2})\ \mathrm{m}^{-1}, \tag{4.5}$$

welcher für die Signal- und Idlerwellenlänge um den Degenerationspunkt bei 2060 nm gilt. Da der Wert unabhängig von P_Res ist, spielen nichtlineare Effekte wie z. B. Zweiphotonenabsorption keine Rolle. Der Wert passt sehr gut zu dem aus der Veränderung der Pumpschwelle abgeschätzten Absorptionswert $(0{,}9 \pm 0{,}4)\ \mathrm{m}^{-1}$ (siehe Gleichung 4.3).

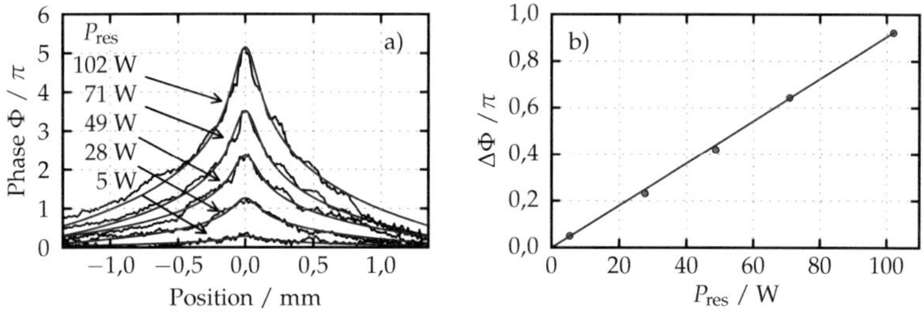

Abbildung 4.17: *a) Querschnitte durch die Phasenprofile für resonatorinterne Pumpleistungen von* 5 *bis* 102 *W sowie der nach Gleichung 2.23 angepasste, theoretische Verlauf. b) Aus den Anpassungen ermittelte Stärke der thermischen Linse* $\Delta\Phi = \Phi(r=0) - \Phi(r=w_0)$ *in Abhängigkeit von der resonatorinternen Pumpleistung.*

Abbildung 4.17b zeigt die aus der Anpassung ermittelte Stärke $\Delta\Phi$ der thermischen Linse (siehe Gleichung 2.28) in Abhängigkeit von der resonatorinternen Leistung P_Res. Der Verlauf ist linear mit einer Steigung von $9{,}1 \times 10^{-3}\pi W^{-1}$. Durch den GaAs-Kristall wird bei der resonatorinternen Leistung $P_\mathrm{Res}^\mathrm{max} = 102$ W ein Phasenunterschied $\Delta\Phi = \pi$ zwischen Strahlmitte und Strahlradius w_0 der Resonatormode induziert. In Verbindung mit dem Sättigungsverhalten der resonatorinternen Leistung bei $P_\mathrm{Res} \approx P_\mathrm{Res}^\mathrm{max}$ (siehe Abbildung 4.7) wird das Erreichen einer thermischen Linse mit der Stärke $\Delta\Phi = \pi$ als Begrenzungsfaktor für die resonatorinterne Leistung interpretiert. Da die Phasenverschiebung in einem Interferometer mit Licht der Wellenlänge $\lambda = 1{,}03$ µm beobachtet wurde, müssen die Werte in Bezug auf die im Resonator umlaufenden Signal- und Idlerwellen noch durch den Faktor 2 geteilt werden. Die resonatorinterne

Pumpleistung sättigt bei dem Wert, bei welchem die Stärke der thermischen Linse für die resonanten Wellen den Wert $\Delta\Phi = 0{,}5\pi$ erreicht. Auch beim direkten THz-OPO führte die maximal erreichte resonatorinterne Leistung zu einer thermischen Linse mit ähnlicher Stärke, nämlich $\Delta\Phi = 0{,}6\pi$ (siehe Abschnitt 3.3.1).

Als Material mit einer geringeren Absorption wurde statt des GaAs-Kristalls ein 2 cm langer Lithiumniobat-Kristall in den Resonator eingesetzt, und auf gleiche Weise wurden Phasenprofile aufgezeichnet. Abbildung 4.18a zeigt Querschnitte durch die gemessenen Phasenprofile sowie Anpassungen unter Berücksichtigung des thermooptischen Effekts (2.23) und des photoelastischen Effekts (2.26). Bei der resonatorinternen Leistung 278 W werden demnach (221 ± 4) mW absorbiert. Mit Gleichung 4.4 ergibt sich übereinstimmend für alle drei Pumpleistungen der Absorptionskoeffizient

$$\alpha_{\mathrm{LN}} = (4 \times 10^{-2} \pm 0{,}3 \times 10^{-2})\ \mathrm{m}^{-1}. \tag{4.6}$$

Da sich P_{Res} zu näherungsweise gleichen Teilen aus ordentlich und außerordentlich polarisiertem Licht zusammensetzt, handelt es sich bei der gemessenen Absorption um einen Wert zwischen der tatsächlichen Absorption für ordentlich- und außerordentlich polarisiertes Licht. Magnesiumdotiertes Lithiumniobat hat bei 2,06 µm Absorptionskoeffizienten zwischen $\alpha_e \approx 10^{-2}\ \mathrm{m}^{-1}$ und $\alpha_o \approx 4 \times 10^{-2}\ \mathrm{m}^{-1}$ [40], was gut mit dem hier ermittelten Wert übereinstimmt.

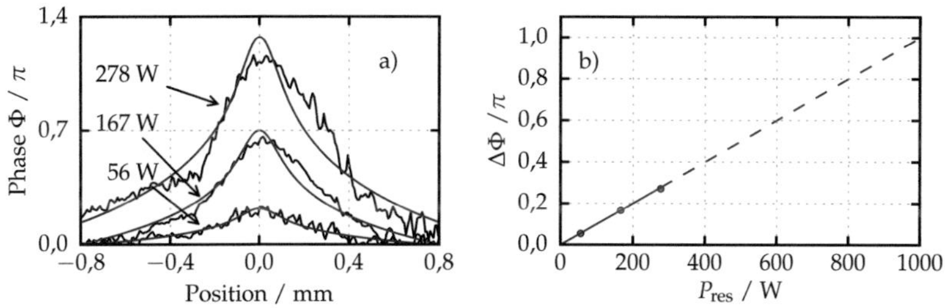

Abbildung 4.18: *a) Querschnitte durch die Phasenprofile des 2 cm langen $LiNbO_3$-Kristalls im Mischfokus sowie Anpassung unter Berücksichtigung des thermo-optischen und photo-elastischen Effekts. b) Stärke $\Delta\Phi$ der thermischen Linse in Abhängigkeit von der resonatorinternen Leistung. Die lineare Anpassung wurde bis $\Delta\Phi = \pi$ extrapoliert.*

Abbildung 4.18b stellt die aus den Anpassungen ermittelte Stärke $\Delta\phi$ der thermischen Linse gegen die resonatorinterne Pumpleistung P_{Res} dar. Bei 278 W resonatorinterner Leistung ist die Stärke der Linse $\Delta\Phi = 0{,}28\pi$. Um in 2 cm Lithiumniobat die gleiche Linsenstärke wie im 1 cm langen GaAs-Kristall bei $P_{\mathrm{Res}} = 100$ W zu erzeugen, wären 1000 W resonatorinterne Leistung nötig.

Bisher wurde der thermische Effekt im OPO-Kristall vernachlässigt, was im Fall des viel stärker absorbierenden GaAs als Mischkristall auch gerechtfertigt ist. Bestehen sowohl OPO- als auch Differenzfrequenzkristall aus Lithiumniobat, muss berücksichtigt werden, dass der thermische Effekt auch im 2,5 cm langen OPO-Kristall auftritt und somit – summiert über beide Kristalle – die 2,25-fache Linsenstärke zu erwarten ist. Die so abgeschätzte maximale resonatorinterne Leistung von $P_{\mathrm{Res}}^{\mathrm{max}} \approx 444$ W liegt noch etwas über den experimentell erreichten 380 W (siehe Abbildung 4.7), sodass mit Lithiumniobat als Mischkristall noch keine Begrenzung durch die thermische Linse zu erwarten ist. Eine Diskussion, in wie weit Lithiumniobat als Mischkristall geeignet ist, wird in Kapitel 5 durchgeführt.

4.3.2 THz-Differenzfrequenzmischung in GaAs

Durchstimmbarkeit und Leistung

Die maximalen Ausgangsleistungen der im Galliumarsenid-Differenzfrequenzkristall erzeugten THz-Wellen sind 14 µW für den 5 mm langen 3-THz-Kristall, 32 µW für den 10 mm langen 2-THz-Kristall und 14 µW für den ebenfalls 10 mm langen 1-THz-Kristall. Mit dem 500 µm dicken GaAs-Etalon konnten bei 1,5 THz etwa 2,5 µW erzeugt werden. Neben den Hauptmaxima sind bei allen Mischkristallen, außer dem 3 THz-Kristall, starke Nebenmaxima zu erkennen, welche bei Vielfachen der jeweiligen Designfrequenz liegen. Die Nebenmaxima sind durch höhere Ordnung der Quasiphasenanpassung zu erklären: Mit Hilfe von Gleichung 2.5 lässt sich die zu erwartende Ausgangsleistung der Differenzfrequenzwelle berechnen. Abbildung 4.19 zeigt die erwartete Ausgangsleistung unter Berücksichtigung von Quasiphasenanpassung bis zur siebten Ordnung (siehe Gleichung 2.7). Als resonatorinterne Leistung wurde für die Berechnung 100 W für die quasiphasenangepassten Proben und 250 W für den GaAs-Wafer angenommen - jeweils gleich verteilt auf Signal- und Idlerwelle. Außerdem wurde die THz-Absorption von GaAs [74] sowie die Fresnel-Reflektion der THz-Welle beim Austritt aus dem Kristall berücksichtigt. Die gemessenen Nebenmaxima des Kristalls mit $\Lambda = 1{,}7$ mm fallen auf die dritte, fünfte und siebte Ordnung der Quasiphasenanpassung, das Nebenmaximum beim Kristall mit $\Lambda = 0{,}78$ mm lässt sich mit Quasiphasenanpassung dritter Ordnung identifizieren, und beim Kristall mit der kürzesten Periodenlänge $\Lambda = 0{,}46$ mm ist unterhalb von 5 THz keine Quasiphasenanpassung höherer Ordnung zu erwarten.

Beim Kristall mit Periodenlänge $\Lambda = 0{,}78$ µm wurden in Quasiphasenanpassung dritter Ordnung 7 µW bei 4,3 THz erzeugt, was bei Quasiphasenanpassung erster Ordnung 63 µW entsprechen würde. Mit dem Kristall mit Periodenlänge $\Lambda = 1{,}7$ mm wurde in fünfter Ordnung Quasiphasenanpassung noch 4,7 µW bei 3,8 THz nachgewiesen, was in erster Ordnung Quasiphasenanpassung knapp 120 µW entsprechen würde.

Die gemessenen Positionen der Maxima weichen weniger als 0,1 THz von den theoretischen Vorhersagen ab. Der Unterschied ist möglicherweise durch eine Abweichung des Brechungsindex im THz-Bereich zu erklären, da sich die in diesem Bereich veröffentlichten Brechungswerte um bis zu 4×10^{-2} unterscheiden [56, 74]. Außerdem

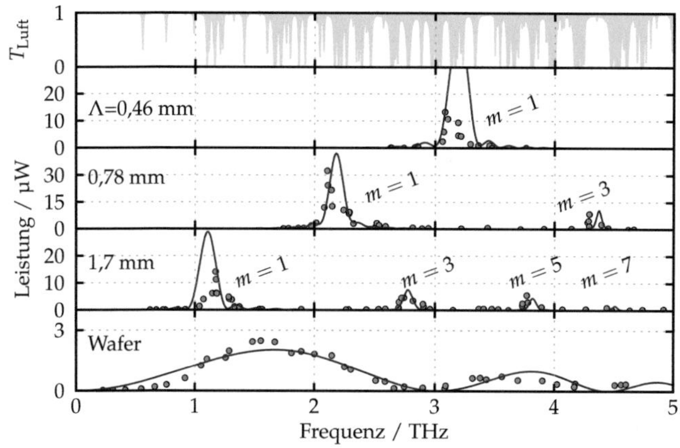

Abbildung 4.19: *THz-Ausgangsleistung für verschiedene GaAs-Mischkristalle sowie die Transmission durch 25 cm Laborluft mit Luftfeuchte 50 %. Kreise stellen Messwerte dar. Die durchgezogenen Linien sind die theoretische Vorhersage für Quasiphasenanpassung bis zur siebten Ordnung (siehe Text). Auf Fehlerbalken wurde zur besseren Lesbarkeit verzichtet (siehe Abbildung 4.10).*

befinden sich im betrachteten Spektralbereich starke Wasserabsorptionen, welche teilweise zu einer Transmission unter 10 % auf dem 25 cm langen Weg vom Kristall zum Detektor (Luftfeuchte etwa 50 %) führen, sodass die Maxima der gemessenen Leistung nicht mit den Maxima der Verstärkung zusammenfallen müssen (siehe Abbildung 4.19).

Die vorhergesagte Leistung stimmt für den 0,5 mm GaAs-Wafer gut mit der Theorie überein. Bei den quasiphasenangepassten Kristallen liegt die erreichte Leistung im Hauptmaximum um einen Faktor 0,4 – 0,8 unter der Erwartung. Eine mögliche Erklärung ist, dass Gleichung 2.5 von ebenen Wellen mit gleichem Strahlradius $w_0 =$ 95 µm im Kristall ausgeht. Die Wellenlänge der THz-Welle ist im Kristall in der Größenordnung des Strahlradius, sodass hier das Licht, welches am Kristallanfang erzeugt wurde, nicht ohne Beugungsverluste und nicht als näherungsweise ebene Welle das Kristallende erreicht und teilweise den Detektor nicht erreicht. Außerdem befinden sich bei den Frequenzen etwas oberhalb von 1, 2 und 3 THz jeweils starke Wasserabsorptionsbanden, welche bei der Simulation nicht berücksichtig wurden. Für die höheren QPM-Ordnungen stimmen die erreichten Leistungen gut mit den Erwartungen überein.

Polarisation und Strahlprofil

Für die quasiphasenangepassten Galliumarsenidproben sowie den Wafer wurde mit dem Gitterpolarisator die Polarisation der erzeugten THz-Wellen ermittelt (siehe Abbildungen 4.12 und 4.11). An die Messungen wurde das bei Drehung eines Polarisators zu erwartende Transmissionsverhalten (siehe Gleichung 3.4) angepasst. Abbildung 4.20 zeigt das Ergebnis der Anpassungen für den $0{,}5$ mm GaAs Wafer in zwei Orientierungen sowie für die 10 mm QPM-GaAs-Probe mit Periodenlänge $\Lambda = 0{,}78$ mm. Die Anpassung bestätigt die lineare Polarisation der THz-Wellen. Etwa 5 % der einfallenden THz-Welle werden unabhängig von der Ausrichtung des Polarisators transmittiert, was hauptsächlich auf einen nicht perfekten Gitterpolarisator zurückzuführen ist. Die THz-Welle ist immer entlang der $[110]$-Achse des GaAs polarisiert, was mit den Betrachtungen in Abschnitt 2.2.2 übereinstimmt.

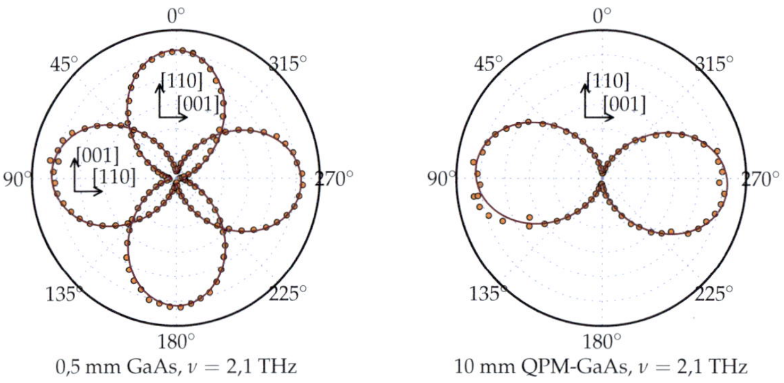

Abbildung 4.20: *Durch den Gitterpolarisator transmittierte THz-Leistung gegen den Winkel des Polarisators für zwei Ausrichtungen des GaAs-Wafers (links) sowie für die 10 mm lange, periodisch orientierte GaAs-Probe (rechts). Die durchgezogenen Linien sind Anpassungen nach Gleichung 3.4.*

Abbildung 4.21 zeigt das Strahlprofil der kollimierten THz-Welle bei der Frequenz $2{,}1$ THz sowie Querschnitte durch das Strahlzentrum, welche sehr gut mit der Anpassung eines mit der Blendenapertur gefalteten GAUSS-Profils (siehe Gleichung 3.3) zusammenfällt. Der horizontale $1/e^2$-Strahlradius ist $w_{0,x} = 11{,}1 \pm 0{,}01$ mm, der vertikale Strahlradius $w_{0,y} = 10{,}8 \pm 0{,}01$ mm. Die in GaAs erzeugten THz-Wellen sind also nahezu perfekte GAUSSstrahlen mit einem Radienverhältnis von $0{,}97$.

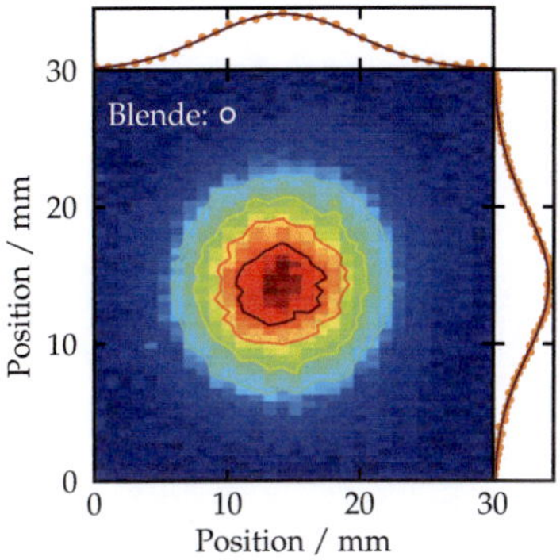

Abbildung 4.21: *Gemessenes Intensitätsprofil und Anpassung eines* Gauss*-Profils an Querschnitte durch das Strahlzentrum. Die Frequenz der THz-Welle ist* 2,1 *THz.*

5 Kapitel
Vergleich der Verfahren

Beide in dieser Arbeit untersuchten Quellen basieren auf optisch-parametrischer Oszillation und unterscheiden sich hauptsächlich in dem die THz-Welle erzeugenden Prozess. Beim pumpüberhöhten THz-OPO ist dies der parametrische Prozess selbst, dessen Idlerwelle die THz-Welle ist. Bei der THz-DFG wird die THz-Welle in einer nachgeschalteten Differenzfrequenzmischung aus der Signal- und Idlerwelle eines parametrischen Oszillators erzeugt. In diesem Kapitel werden beide Verfahren betrachtet und auf ihre Grenzen hin untersucht sowie mit bereits existierenden Quellen für ferninfrarote Strahlung verglichen.

5.1 Durchstimmbarkeit

Die Idlerwelle des pumpüberhöhten THz-OPO (Kapitel 3) konnte von 1,14 THz bis 3,13 THz abgestimmt werden, wobei die Grenzen des Durchstimmbereichs durch das nicht mehr mögliche Überschreiten der Pumpschwelle gegeben sind. Die untere Grenze ist dabei prinzipiell durch die mit kleinerer Idlerfrequenz abfallende Verstärkung der Signalwelle gegeben und die obere Grenze durch die Materialabsorption in Lithiumniobat (siehe Abschnitt 3.3.3). Da die Absorption mit geringeren Kristalltemperaturen abfällt [27], kann durch Kühlen des Kristalls auf 100 K oder darunter die Pumpschwelle auch für Frequenzen oberhalb von 3 THz überschritten werden. Allerdings ist dies mit erheblichem Aufwand verbunden und führt gleichzeitig zu einer stärkeren Empfindlichkeit gegenüber optischem Schaden [75] durch die nahinfraroten Signal- und Idlerwellen.

Prinzipiell kommt auch Galliumarsenid mit seiner deutlich geringeren Absorption im THz-Bereich als nichtlineares Medium für den pumpüberhöhten OPO in Frage. Die Pumpschwelle eines bei 2 µm Wellenlänge gepumpten, parametrischen Oszillators basierend auf 50 mm langem GaAs mit Strukturierung zur Quasiphasenanpassung liegt im Bereich von 1 THz bis über 5 THz etwa auf dem Wert der Pumpschwelle, die mit dem in dieser Arbeit untersuchten Lithiumniobat-Oszillator bei 2 THz erreichbar sind (siehe Abbildung 5.1). Periodisch orientierte GaAs-Kristalle sind mit dieser Länge allerdings noch nicht kommerziell verfügbar, außerdem liegen die erforderlichen Leistungen bei der Pumpwelle im Bereich 100 – 200 W, was in GaAs zum Aufbau einer starken thermischen Linse führen kann (siehe Kapitel 4.3.1). Mit fortschreitender technischer Verbesserung des periodisch orientierten Galliumarsenids hinsichtlich Reinheit und verfügbaren Abmessungen kann ein Galliumarsenid-Dauerstrich-THz-OPO in Zukunft möglich werden.

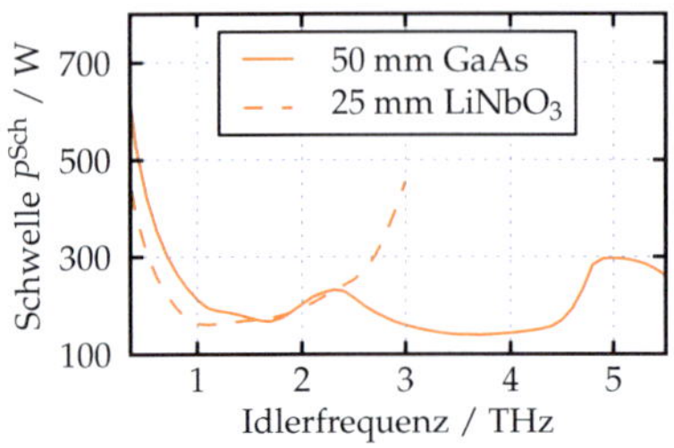

Abbildung 5.1: *Vergleich der theoretischen Pumpschwelle für einen bei 1 µm gepumpten THz-OPO basierend auf 25 mm quasiphasenangepasstem Lithiumniobat und einen bei 2 µm gepumpten THz-OPO basierend auf 50 mm quasiphasenangepasstem Galliumarsenid. Die gemeinsamen Parameter sind: Verluste $V = 1{,}1$ % und Strahlradius $w_0 = 70$ µm.*

Bei der THz-DFG (Kapitel 4) basiert die Erzeugung der THz-Welle auf Differenzfrequenzmischung und ist daher in ihrer Durchstimmbarkeit nur auf das Anschwingen des Infrarot-OPOs angewiesen. Die Differenzfrequenz der Signalwellen, und damit die Frequenz der erzeugten THz-Wellen, konnte durch Wahl der Kristalltemperatur zwischen 0 THz und 15 THz eingestellt werden, wobei die obere Grenze nur durch die Wahl der QPM-Periodenlänge des OPO-Kristalls sowie die Beschichtung der Resonatorspiegel gegeben ist. Mit den für diesen Spektralbereich kommerziell standardmäßig erhältlichen Beschichtungen und nichtlinearen Kristallen würde sich der Durchstimmbereich ohne weiteres vergrößern lassen.

Die Erzeugbarkeit der Differenzfrequenzwelle hängt von der Phasenanpassbarkeit des Konversionsprozesses im Galliumarsenid ab. Abbildung 5.2 zeigt die in GaAs zur Quasiphasenanpassung der Differenzfrequenzmischung benötigten Periodenlängen, die von etwa 2 mm bei 1 THz bis 6 µm bei 8 THz abfallen. Mit epitaktischen Verfahren wurden bereits Kristalle mit Periodenlängen von $\Lambda = 27$ µm [25] hergestellt, was Quasiphasenanpassung erster Ordnung bis etwa 7,5 THz ermöglicht. Im Rahmen der vorliegenden Arbeit wurde außerdem gezeigt, dass auch in höherer Ordnung der Quasiphasenanpassung mehrere µW Ausgangsleistung der THz-Welle erreicht werden können.

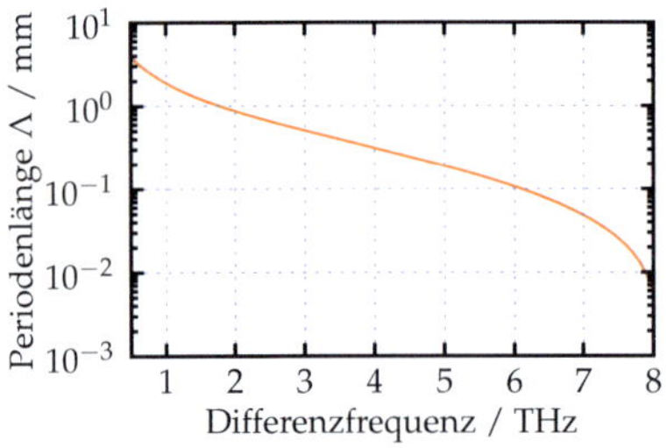

Abbildung 5.2: *Periodenlänge Λ zur Phasenanpassung der Differenzfrequenzmischung in GaAs. Die Berechnung wurde für einfallende Wellen um 2 µm mit Differenzfrequenzen bis 8 THz durchgeführt.*

Neben Galliumarsenid kann auch Lithiumniobat als Differenzfrequenzkristall eingesetzt werden. Allerdings müssen in Lithiumniobat – im Gegensatz zu Galliumarsenid – die Polarisationen der Fundamentalwellen sowie der Differenzfrequenzwelle alle entlang der z-Achse des Kristalls verlaufen, um den hohen nichtlinearen Koeffizienten

d_{33} nutzen zu können. Das bedingt einen Typ-eee-OPO zur Erzeugung der Signal- und Idlerwelle. Ein Typ-eee-OPO hat allerdings Verstärkungsbandbreiten von mehreren 10 THz am Degenerationspunkt (siehe Abbildung 2.7), sodass Differenzfrequenzen unter 10 THz nicht ohne großen Aufwand durchstimmbar erzeugt werden können. Aus diesem Grund wurde Differenzfrequenzmischung in Lithiumniobat bisher nur bei festen Frequenzen, welche zum Beispiel durch Moden eines resonatorinternen Etalons definiert wurden [76], gezeigt.

Modensprungfreie Durchstimmbarkeit

Neben der groben Abstimmbarkeit der THz-Welle über einen großen Bereich ist auch die Möglichkeit der modensprungfreien Durchstimmbarkeit für einige Anwendungen wie die hochauflösende Spektroskopie interessant [6]. Prinzipiell ist der direkte THz-OPO wie jeder einfachresonante OPO modensprungfrei durchstimmbar, wenn die Resonatorlänge mit einem Piezoaktor angepasst wird oder die Frequenz des Pumplasers abgestimmt werden kann. Da die hohe Pumpschwelle allerdings auch die Resonanz der Pumpwelle erfordert und Pump- und Signalwelle aufgrund ihrer geringen Wellenlängenseparation und gleichen Polarisation nur schwer in verschiedenen, getrennt kontrollierbaren Resonatoren geführt werden können [77], ist eine modensprungfreie Abstimmbarkeit des pumpüberhöhten OPOs praktisch unmöglich: Eine Frequenzänderung $\Delta\nu_{\mathrm{p}}$ des Pumplasers und die damit erforderliche Längenänderung des Resonators führt automatisch zu einer Frequenzänderung der Signalwelle um $\Delta\nu_{\mathrm{s}} = \Delta\nu_{\mathrm{p}} \times \nu_{\mathrm{s}}/\nu_{\mathrm{p}}$, sodass die Frequenzänderung der Idlerwelle gegeben ist durch

$$\Delta\nu_{\mathrm{THz}} = \Delta\nu_{\mathrm{p}}\frac{\nu_{\mathrm{THz}}}{\nu_{\mathrm{p}}}. \tag{5.1}$$

Bei der Idlerfrequenz 3 THz und einer Pumpwelle mit 1 µm Wellenlänge, was etwa 300 THz entspricht, überträgt sich eine Frequenzänderung der Pumpwelle also nur zu etwa 1 % auf die Idlerwelle.

Bei dem in dieser Arbeit verwendeten doppelresonanten Typ-oeo-OPO, welcher die Signal- und Idlerwelle zur Differenzfrequenzmischung in Galliumarsenid erzeugt, teilen sich Signal- und Idlerwelle ebenfalls einen Resonator, was eine modensprungfreie Abstimmbarkeit verhindert. Bei diesem Konzept lässt sich der Resonator allerdings leicht mittels eines polarisierenden Strahlteilers in zwei getrennte lineare Resonatoren für die orthogonal polarisierten Signal- und Idlerwellen aufspalten (siehe Abbildung 5.3). Im Resonatorarm, in dem der Differenzfrequenzkristall K_2 platziert wird, laufen sowohl Signal- als auch Idlerwelle um und können so zu ihrer Differenzfrequenz gemischt werden. Über zwei Piezoaktoren im geteilten Arm des Resonators können die Resonatorlängen für die Signal- und Idlerwelle unabhängig voneinander kontrolliert und so eine modensprungfreie Durchstimmbarkeit erreicht werden. Abbildung 5.4 zeigt die Reflektivitätskurve eines geeigneten Dünnschichtpolarisators (Layertec 110206) für s- und p-polarisiertes Licht unter dem Einfallswinkel 56,5 °. Die dielektrische Beschichtung weist Verluste kleiner als 1 % für Differenzfrequenzen der Signal- und Idlerwelle bis etwa 6 THz auf, sodass nur eine geringe Erhöhung der Pumpschwelle zu erwarten ist.

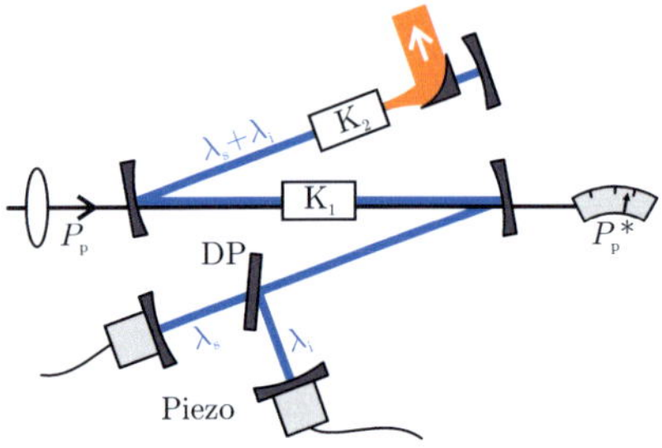

Abbildung 5.3: *Linearer Resonator mit Dünnschicht-Polarisationsstrahlteiler (DP) zur Trennung der Resonatoren für die Signal- und Idlerwelle im doppelresonanten Typ-oeo OPO.*

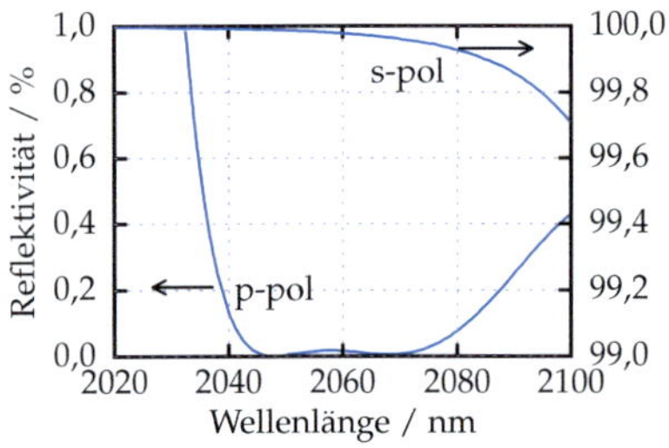

Abbildung 5.4: *Reflektivität eines Dünnschichtpolarisators (*LAYERTEC 110206*) für s- und p-polarisiertes Licht.*

Die auf Differenzfrequenzmischung basierende THz-Erzeugung in Galliumarsenid ist also sowohl in Bezug auf den Abstimmbereich als auch auf die Möglichkeit der modensprungfreien Durchstimmbarkeit der direkten Erzeugung mit einem lithiumniobatbasierten pumpüberhöhten OPO überlegen.

5.2 Leistung

Die mit den beiden vorgestellten Quellen erzeugten THz-Leistungen liegen im Bereich $10-70$ µW bei Frequenzen zwischen 1 THz und 4,5 THz. Die experimentell erreichten Leistungen der nah- und mittelinfraroten Wellen, deren Differenz die THz-Welle ist, liegen bei 100 W beim GaAs-Differenzfrequenz-OPO und um 900 W beim direkten Lithiumniobat-OPO und sind jeweils durch den Aufbau einer thermischen Linse beschränkt. Zum Vergleich der beiden Konzepte und Materialien wird die theoretische Ausgangsleistung der THz-Welle für eine angenommene resonatorinterne Leistung von 200 W, gleich verteilt auf beide Fundamentalwellen (d. h. Pump- und Signalwelle beim pumpüberhöhten OPO, Signal- und Idlerwelle beim Differenzfrequenz-OPO), betrachtet (siehe Abbildung 5.5). Für beide Materialien wurde ein identischer Strahldurchmesser der beteiligten Wellen von $w_0 = 100$ µm angenommen. Abbildung 5.5a zeigt den Verlauf der Leistung in Abhängigkeit von der Frequenz der erzeugten Welle für jeweils 3 mm lange Kristalle. Unterhalb von 1 THz kann der höhere nichtlineare Koeffizient von Lithiumniobat die stärkere Absorption kompensieren, bei allen höheren Frequenzen wird im GaAs aufgrund der deutlich niedrigeren Absorption eine höhere Ausgangsleistung erzielt.

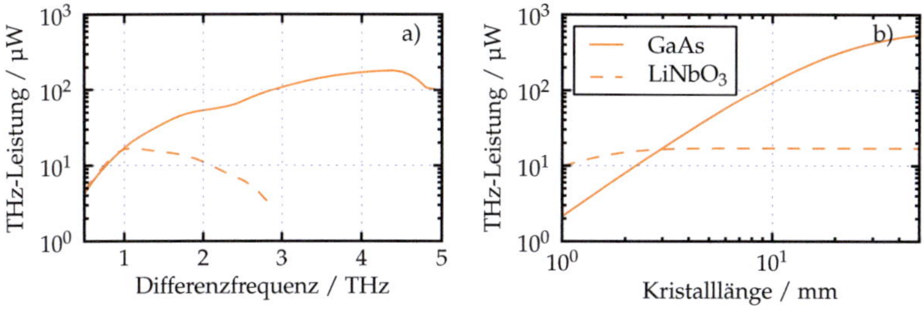

Abbildung 5.5: *Leistungen der in Galliumarsenid und Lithiumniobat generierten THz-Welle für einen quasiphasenangepassten Mischprozess erster Ordnung. Für die einfallenden Wellen wurde eine Wellenlänge um 2 µm, eine Leistung von je 100 W und ein Strahldurchmesser von 100 µm angenommen. a) THz-Leistung für verschiedene Differenzfrequenzen der fundamentalen Wellen bei einer Kristalllänge von 3 mm. b) THz-Leistung für verschiedene Kristalllängen bei einer Frequenz von 1 THz.*

Für längere Kristalle verschiebt sich das Verhältnis noch deutlicher zu Gunsten des Galliumarsenids. Abbildung 5.5b zeigt die Ausgangsleistung bei der festen Frequenz 1 THz in Abhängigkeit von der Kristalllänge. Bei einer Propagationslänge von 3 mm sättigt die Ausgangsleistung im Lithiumniobat, was im Galliumarsenid erst bei etwa 50 mm Kristalllänge geschieht. In Galliumarsenid kann bei 10 mm Kristalllänge etwa die zehnfache Leistung wie im Lithiumniobat erzeugt werden – bei 50 mm Kristalllänge sogar mehr als die zwanzigfache. Auch hier verschiebt sich das Verhältnis bei höheren Frequenzen weiter zu Gunsten des Galliumarsenids.

Durch nicht-kollineare Phasenanpassung kann der Weg der THz-Welle im Kristallmaterial und damit der Effekt der Absorption verringert werden: Hierzu wird die periodische Strukturierung des Kristalls unter einem Winkel zur Pump- und Signalwelle ausgeführt, sodass die THz-Idlerwelle seitlich den Kristall verlässt (siehe Abbildung 5.6). Scheller et al. haben so bis zu 500 µW bei 1 THz und 2000 µW bei 1,9 THz durch Differenzfrequenzmischung in Lithiumniobat erzeugt [76]. Dieses Verfahren eignet sich allerdings hauptsächlich für festfrequente THz-Quellen, weil zur Veränderung der Idlerfrequenz der Kristall gewechselt werden muss und die Erzeugung zweier gleich polarisierter Wellen zur Differenzfrequenzmischung im THz-Bereich wie im vorigen Abschnitt besprochen praktisch nicht durchstimmbar ist. Für einen kontinuierlich emittierenden parametrischen Oszillator ist dieses Phasenanpassungsschema nicht praktikabel, da die Pumpschwelle durch die geringere Wechselwirkungslänge der Idlerwelle mit der Pump- und Signalwelle zusätzlich erhöht wird.

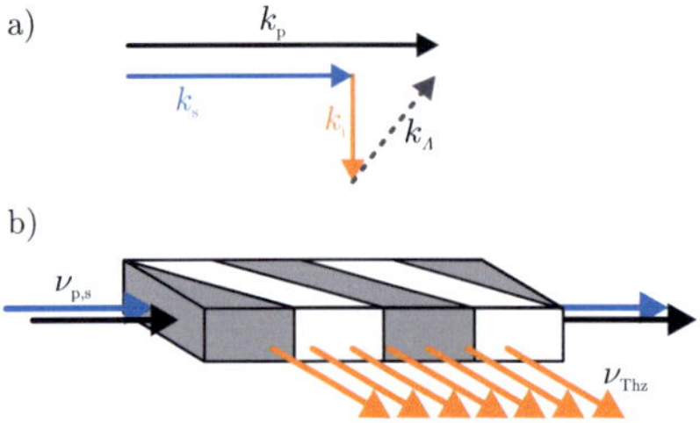

Abbildung 5.6: *Nicht-kollineare Phasenanpassung: Der Gittervektor der Quasiphasenanpassungs-Struktur ist so orientiert, dass der Wellenvektor der THz-Welle senkrecht zur Ausbreitungsrichtung der infraroten Wellen läuft (a). Die THz-Welle kann den Kristall seitlich verlassen, sodass die Absorptionsstrecke minimiert wird (b).*

5.3 Geometrische Strahlparameter und Linienbreite

Sowohl beim direkten THz-OPO als auch bei der THz-Differenzfrequenzmischung wird die THz-Welle kollinear von den beteiligten nah- und mittelinfraroten Wellen erzeugt, sodass die Strahleigenschaften der erzeugenden Wellen erhalten bleiben. Das transversale Strahlprofil beider Systeme ist in sehr guter Übereinstimmung mit einer TEM_{00}-GAUSS-Mode und einer Beugungsmaßzahl M^2 nahe 1, sodass sich die THz-Welle beugungsbegrenzt fokussieren lässt.

Die erzeugten THz-Wellen sind bei beiden vorgestellten Quellen linear polarisiert, was direkt aus den verwendeten Tensorelementen des nichtlinearen Tensors hervorgeht.

Da die THz-Welle sowohl bei der direkten Erzeugung im parametrischen Prozess als auch bei der Differenzfrequenzmischung in Galliumarsenid aus der nichtlinearen Mischung zweier nah- beziehungsweise mittelinfraroter Wellen entsteht, kann aus Energieerhaltungsgründen die Linienbreite der THz-Welle nicht größer als die der beteiligten infraroten Wellen sein. Die Linienbreiten der nahinfraroten Wellen konnten auf 1,17 MHz beim pumpüberhöhten OPO und 7,5 MHz beim doppelresonanten OPO nach oben abgeschätzt werden, sodass die maximale Linienbreite der THz-Welle in beiden Systemen unter 10 MHz liegt. Da sich Störungen auf die nah- und mittelinfraroten Wellen (z. B. Resonatorlängenänderung, Pumplaser-Frequenzänderung) in gleicher Weise auf die beiden erzeugenden Wellen auswirken, sind diese Störungen bei der Differenzfrequenzwelle nicht zu beobachten, sodass die reale Linienbreite deutlich unter 10 MHz liegen dürfte.

5.4 Vergleich mit anderen Systemen

Die am weitesten verbreitete Quelle für durchstimmbare Dauerstrich-Wellen im THz-Bereich sind Photomischer, welche üblicherweise von der Schwebung eines bei fester Wellenlänge laufenden Lasers und eines durchstimmbaren Lasers getrieben werden. Bereits 1995 wurde so ein Durchstimmbereich bis 3,8 THz demonstriert [15]. Die Linienbreite ist durch diejenige der beiden Laserstrahlen gegeben und kann so weniger als 1 MHz betragen, und das Strahlprofil kann der GAUSSschen Grundmode entsprechen [8]. Diese Eigenschaften ähneln also denen der in vorliegender Arbeit vorgestellten nichtlinear-optischen Quellen. Der Hauptnachteil der auf Photomischern basierten Quellen ist die geringe Ausgangsleistung. Peytavit et al. konnten zwar die Erzeugung von 1,2 mW bei 50 GHz und 0,35 mW bei 305 GHz nachweisen [78], oberhalb von 1 THz liegen die erreichten Leistungen aber im Bereich einiger Nanowatt [16] und sind damit um mehrere Größenordnungen niedriger als bei den in dieser Arbeit vorgestellten Quellen.

Sowade et al. haben eine Quelle vorgestellt, welche Wellen von 1,3 THz bis 1,7 THz mit Leistungen im µW-Bereich generiert [24]. Die THz-Welle ist dabei - wie beim THz-OPO in der vorliegenden Arbeit - die Idlerwelle eines parametrischen Oszillators. Als Pumpwelle dient die Signalwelle eines zweiten, infraroten parametrischen Oszillators, welcher vom selben Kristall mit der selben Quasiphasenanpassungs-Struktur getrieben wird. Dieses Konzept wird daher auch „kaskadierter parametrischer Oszillator"genannt. Da beim infraroten OPO Phasenanpassung nur für Periodenlängen um 20 – 30 µm erreicht werden kann, ist die Durchstimmbarkeit des kaskadierten THz-Prozesses prinzipiell begrenzt. In der vorliegenden Arbeit wurde die für die parametrische Oszillation im THz-Bereich benötigte leistungsstarke Pumpwelle durch resonante Überhöhung des Pumplasers bereitgestellt und so die Beschränkung auf einen engen Frequenzbereich aufgehoben. Mit Periodenlängen zwischen 13,5 µm und 80 µm konnte der in Lithiumniobat sinnvolle Frequenzbereich von 1,14 THz bis 3,13 THz abgedeckt werden.

Eine weitere, auf nichtlinear-optischer Frequenzkonversion in Lithiumniobat basierende Quelle wurde von Scheller et al. vorgestellt [76]. Diese Quelle stellt einfrequente schmalbandige THz-Wellen mit Ausgangsleistungen im Milliwatt-Bereich zur Verfügung. Das Strahlprofil ist durch die nicht-kollineare Erzeugung stark elliptisch und besitzt große Divergenzunterschiede in die verschiedenen Raumwinkel, kann aber durch Zylinderlinsen in ein nahezu Gaussförmiges Profil überführt werden. Diese Quelle kann prinzipiell bei einer beliebigen Frequenz betrieben werden, ist aber praktisch nicht abstimmbar, da sowohl das Etalon zur Erzeugung der beiden infraroten Wellen als auch der Differenzfrequenz-Kristall gewechselt werden müssten.

Rückwärtswellenoszillatoren (englisch "Backward Wave Oscillator", BWO) sind rein elektronische THz-Generatoren, welche für Frequenzen von 0,1 THz bis 1,5 THz kommerziell erhältlich sind und unterhalb von 1 THz mehrere Milliwatt Ausgangsleistung haben können [79]. Allerdings ist ihre Durchstimmbarkeit auf 10 – 30 % der Zentralfrequenz begrenzt, sodass für breitbandige Spektroskopiesysteme mehrere BWOs parallel eingesetzt werden müssen.

Die in der vorliegenden Arbeit vorgestellten Quellen besitzen ebenfalls das Potential, in den Milliwatt-Bereich vorzudringen und sind jeweils über mehr als eine Oktave durchstimmbar, vereinen also die Eigenschaften der derzeit für die Spektroskopie verfügbaren Dauerstrich-THz-Quellen.

6 Kapitel Zusammenfassung

Die Erzeugung durchstimmbarer Dauerstrich-Wellen im THz-Bereich kann sowohl von elektronischer Seite mit Frequenzmultiplikatoren als auch opto-elektronisch mit Photomischern oder optisch mittels nichtlinearer Frequenzkonversion erfolgen. Die elektronischen und opto-elektronischen Erzeugungsmechanismen sind für steigende Frequenzen durch die endliche Lebensdauer freier Ladungsträger in Halbleitern fundamental in ihrer Leistung begrenzt, sodass oberhalb von 1 THz meist nur noch einige nW erzeugt werden können. Gegenstand der vorliegenden Arbeit ist die rein optische Erzeugung. Diese hat keine prinzipielle Grenze und ist nur auf das Vorhandensein optisch nichtlinearer Materialien mit geringer Absorption im entsprechenden Frequenzbereich angewiesen.

Es werden zwei Konzepte vorgestellt, um Dauerstrich-THz-Wellen basierend auf den Werkzeugen der nichtlinearen Optik zu erzeugen. Das erste System („THz-OPO"für Optisch Parametrischer Oszillator) ist ein signalresonanter optisch-parametrischer Oszillator, welcher so weit entfernt vom Entartungspunkt betrieben wird, dass die Idlerwelle im THz-Bereich liegt. Um die hohe Pumpschwelle zu überwinden, wird bei diesem parametrischen Oszillator auch das Pumplicht resonant überhöht. Als nichtlineares Medium kommt Lithiumniobat zum Einsatz, da es einen vergleichsweise großen nichtlinearen Koeffizienten von über 100 pmV^{-1} für Konversionen in den THz-Bereich hat.

Mit dem THz-OPO konnte der Bereich von 1,14 THz bis 3,13 THz abgedeckt werden, wobei die Grenzen des Abstimmbereichs durch das nicht mehr mögliche Überschreiten der Pumpschwelle, hervorgerufen durch phononenbedingte Absorption, bestimmt ist. Als maximale Ausgangsleistung der THz-Welle konnten bei 1,3 THz 70 µW erreicht werden; die Leistung fällt zu höheren Frequenzen hin auf 10 µW bei 3 THz ab. Der Grund für den Leistungsabfall ist die steigende Absorption im THz-Bereich, die dazu führt, dass die Absorptionslänge im nichtlinearen Kristall bei 3 THz weniger als 1 mm beträgt. Die weite Durchstimmbarkeit ermöglicht dennoch erstmals die Bestimmung einer temperaturabhängigen Sellmeiergleichung für Lithiumniobat im THz-Bereich, welche das Design künftiger THz-Quellen basierend auf diesem Material erleichtert.

Das zweite vorgestellte System („THz-DFG" für englisch Difference Frequency Generation) ist ein doppelresonanter optisch-parametrischer Oszillator, welcher nahe am Degenerationspunkt betrieben wird, sodass die Differenzfrequenz von Signal- und Idlerwelle frei wählbar im THz-Bereich eingestellt werden kann. Im gleichen Resonator werden die Signal- und Idlerwelle in einem zweiten nichtlinearen Kristall zu ihrer Differenzfrequenz, der eigentlichen THz-Welle, gemischt. Als nichtlineare Materialien kommen hier ebenfalls Lithiumniobat als OPO-Kristall und Galliumarsenid als Differenzfrequenzkristall zum Einsatz.

Bei der THz-DFG konnte über die Kristalltemperatur des doppelresonanten OPOs die Differenz der Signal- und Idlerwellenlänge zwischen 0 und 15 THz lückenlos eingestellt werden, sodass mit einem geeignet phasenangepassten Differenzfrequenzkristall der komplette THz-Bereich mit einer Quelle abgedeckt werden kann. Mit den vorhandenen, zur Quasiphasenanpassung periodisch orientierten Galliumarsenidproben, konnten Leistungen von 14 µW bei 1 THz, 32 µW bei 2 THz und 14 µW bei 3 THz nachgewiesen werden. Der für 3 THz angepasste Mischkristall hatte dabei nur die halbe Länge der anderen Kristalle. Außerdem konnte Differenzfrequenzmischung in dritter (7 µW bei 4,3 THz) und fünfter Ordnung (4,7 µW bei 3,8 THz) Quasiphasenanpassung beobachtet werden, sodass bei der Verwendung eines in erster Ordnung quasiphasenangepassten Kristalls mehr als 60 µW bei einer Frequenz von 4,3 THz erwartet werden können.

Durch die kollineare Erzeugung haben die THz-Wellen beider Systeme ein GAUSSförmiges, nahezu beugungsbegrenztes Strahlprofil. Die Beugungsmaßzahl konnte zu $M^2 = 1{,}34$ bestimmt werden. Außerdem sind die erzeugten THz-Wellen linear polarisiert und haben eine maximale Linienbreite von 10 MHz – die reale Linienbreite dürfte weit darunter liegen, da die THz-Welle in beiden Konzepten eine Differenzfrequenzwelle zweier nah- bzw. mittelinfraroter Wellen ist, welche den gleichen Störungen unterliegen.

Der Vergleich von Lithiumniobat-basiertem THz-OPO und Galliumarsenid basierter THz-DFG zeigt eine ähnliche Ausgangsleistung der beiden Konzepte, wobei der Durchstimmbereich des THz-OPOs prinzipiell nach oben begrenzt ist und nur die THz-Differenzfrequenzmischung die Erzeugung von THz-Wellen weit oberhalb von 3 THz erlaubt. Die Ausgangsleistung der Differenzfrequenzmischung in Galliumarsenid wird noch durch eine Restabsorption von $\alpha \approx 0{,}7\ \mathrm{m}^{-1}$ im mittelinfraroten Spektralbereich begrenzt, welche zum Aufbau einer starken thermischen Linse führt. Die Verfügbarkeit von periodisch orientiertem Galliumarsenid mit höherer Reinheit wird die Erzeugung von Leistungen im mW-Bereich bei Frequenzen von 1-5 THz und darüber hinaus mit Hilfe der THz-DFG ermöglichen.

Die in der vorliegenden Arbeit vorgestellten Quellen für Dauerstrich-THz-Wellen erfüllen durch die Linienbreite im MHz-Bereich, das beugungsbegrenzte Strahlprofil, die Durchstimmbarkeit von 1 THz bis über 4 THz und Ausgangsleistungen deutlich über 10 µW alle Voraussetzungen für die hochauflösende THz-Spektroskopie und besitzen durch technische Fortschritte bei der Herstellung von periodisch orientiertem Galliumarsenid noch weiteres Entwicklungspotential beim Durchstimmbereich sowie der Ausgangsleistung.

Literaturverzeichnis

[1] J. Chen, Y. Chen, H. Zhao, G. J. Bastiaans, and X.-C. Zhang, „Absorption coefficients of selected explosives and related compounds in the range of 0.1-2.8 THz", Opt. Express **15**, 12060 (2007).

[2] K. Kawase, Y. Ogawa, Y. Watanabe, and H. Inoue, „Non-destructive terahertz imaging of illicit drugs using spectral fingerprints", Opt. Express **11**, 2549 (2003).

[3] M. V. Tsurkan, N. S. Balbekin, E. A. Sobakinskaya, A. N. Panin, and V. L. Vaks, „Terahertz spectroscopy of DNA", Opt. Spectrosc. **114**, 894 (2013).

[4] T. Globus, A. Moyer, B. Gelmont, and T. Khromova, „Highly resolved sub-Terahertz vibrational spectroscopy of biological macromolecules and cells", IEEE Sens. J. **13**, 72 (2013).

[5] G. Winnewisser, „Spectroscopy in the terahertz region", Vib. Spectrosc. **8**, 241 (1995).

[6] G. Winnewisser and S. Belov, „Sub-Doppler measurements on the rotational transitions of carbon monoxide", J. Mol. Spectrosc. **472**, 468 (1997).

[7] C. Kulesa, „Terahertz spectroscopy for astronomy: From comets to cosmology", IEEE Trans. Terahertz Sci. **1**, 232 (2011).

[8] I. Mayorga and A. Schmitz, „First in-field application of a full photonic local oscillator to terahertz astronomy", IEEE Trans. Terahertz Sci. **2**, 393 (2012).

[9] D. Pereira, J. C. S. Moraes, E. M. Telles, A. Scalabrin, F. Strumia, A. Moretti, G. Carelli, and C. A. Massa, „A review of optically pumped far-infrared laser lines from methanol isotopes", J. Infrared Millim. W. **15**, 1 (1994).

[10] J. Xu, J. M. Hensley, D. B. Fenner, R. P. Green, L. Mahler, A. Tredicucci, M. G. Allen, F. Beltram, H. E. Beere, and D. a. Ritchie, „Tunable terahertz quantum cascade lasers with an external cavity", Appl. Phys. Lett. **91**, 121104 (2007).

[11] R. Kohler, A. Tredicucci, F. Beltram, H. E. Beere, E. H. Linfield, A. G. Davies, D. A. Ritchie, R. C. Iotti, and F. Rossi, „Terahertz semiconductor-heterostructure laser", Nature **417**, 156 (2002).

[12] H. Hübers, S. Pavlov, and A. Semenov, „Terahertz quantum cascade laser as local oscillator in a heterodyne receiver", Opt. Express **13**, 5890 (2005).

[13] G. Chattopadhyay, E. Schlecht, J. S. Ward, J. J. Gill, H. H. S. Javadi, F. Maiwald, and I. Medhi, „An all-solid-state broad-band frequency multiplier chain at 1500 GHz", IEEE T. Microw. Theory. **52**, 1538 (2004).

[14] N. Gavrilov, B. Knyazev, E. Kolobanov, V. Kotenkov, V. Kubarev, G. Kulipanov, A. Matveenko, L. Medvedev, S. Miginsky, L. Mironenko, A. Oreshkov, V. Ovchar, V. Popik, T. Salikova, M. Scheglov, S. Serednyakov, O. Shevchenko, A. Skrinsky, V. Tcheskidov, and N. Vinokurov, „Status of the Novosibirsk high-power terahertz FEL", Nuclear Instruments and Methods in Physics Research Section A: Accelerators, Spectrometers, Detectors and Associated Equipment **575**, 54 (2007).

[15] E. R. Brown, K. A. McIntosh, K. B. Nichols, and C. L. Dennis, „Photomixing up to 3.8-THz in low-temperature-grown GaAs", Appl. Phys. Lett. **66**, 285 (1995).

[16] J. Mangeney, A. Merigault, N. Zerounian, P. Crozat, K. Blary, and J. F. Lampin, „Continuous wave terahertz generation up to 2 THz by photomixing on ion-irradiated $In_{0,53}Ga_{0,47}As$ at 1.55 μm wavelengths", Appl. Phys. Lett. **91**, 241102 (2007).

[17] I. Breunig, D. Haertle, and K. Buse, „Continuous-wave optical parametric oscillators: Recent developments and prospects", Appl. Phys. B **105**, 99 (2011).

[18] J. A. Giordmaine and R. C. Miller, „Tunable coherent parametric oscillation in $LiNbO_3$ at optical frequencies", Phys. Rev. Lett. **14**, 973 (1965).

[19] J. Krieg, A. Klemann, I. Gottbehut, S. Thorwirth, T. F. Giesen, and S. Schlemmer, „A continuous-wave optical parametric oscillator around 5-μm wavelength for high-resolution spectroscopy", Rev. Sci. Instrum. **82**, 63105 (2011).

[20] M. M. J. W. van Herpen, a. K. Y. Ngai, S. E. Bisson, J. H. P. Hackstein, E. J. Woltering, and F. J. M. Harren, „Optical parametric oscillator-based photoacoustic detection of CO_2 at 4.23 μm allows real-time monitoring of the respiration of small insects", Appl. Phys. B **82**, 665 (2006).

[21] E. V. Kovalchuk, D. Dekorsy, A. I. Lvovsky, C. Braxmaier, J. Mlynek, and A. Peters, „High-resolution Doppler-free molecular spectroscopy with a continuous-wave optical parametric oscillator", Opt. Lett. **18**, 1430 (2001).

[22] K. Kawase, J. Shikata, M. Sato, T. Taniuchi, and H. Ito, „Widely tunable coherent terahertz-wave generation using nonlinear optical effect", Electronics and Communications in Japan (Part II: Electronics) **81**, 10 (1998).

[23] J. E. Schaar, K. L. Vodopyanov, and M. M. Fejer, „Intracavity terahertz-wave generation in a synchronously pumped optical parametric oscillator using quasi-phase-matched GaAs", Opt. Lett. **32**, 1284 (2007).

[24] R. Sowade, I. Breunig, I. Camara Mayorga, J. Kiessling, C. Tulea, V. Dierolf, and K. Buse, „Continuous-wave optical parametric terahertz source", Opt. Express **17**, 22303 (2009).

[25] L. A. Eyres, P. J. Tourreau, T. J. Pinguet, C. B. Ebert, J. S. Harris, M. M. Fejer, L. Becouarn, B. Gerard, and E. Lallier, „All-epitaxial fabrication of thick, orientation-patterned GaAs films for nonlinear optical frequency conversion", Appl. Phys. Lett. **79**, 904 (2001).

[26] R. L. Byer and R. L. Herbst, „Parametric Oscillation and Mixing",in *Nonlinear Infrared Generation*, Y.-R. Shen, Hrsg., vol. 16 of *Topics in Applied Physics*, Kap. Parametric, 81–137 (Springer-Verlag, Berlin, 1977).

[27] L. Pálfalvi, J. Hebling, J. Kuhl, A. Péter, and K. Polgár, „Temperature dependence of the absorption and refraction of Mg-doped congruent and stoichiometric $LiNbO_3$ in the THz range", J. Appl. Phys. **97**, 123505 (2005).

[28] D. Meschede, *Optik, Licht und Laser* (B. G. Teubner, Stuttgart, 2005).

[29] R. Byer, „Quasi-phasematched nonlinear interactions and devices", J. Nonlinear Opt. Phys. **6**, 549 (1997).

[30] D. A. Roberts, „Simplified characterization of uniaxial and biaxial nonlinear optical crystals: a plea for standardization of nomenclature and conventions", IEEE J. Quantum. Elect. **28**, 2057 (1992).

[31] A. Yariv and P. Yeh, „Optical Waves in Crystals", (John Wiley & Sons, Inc., Hoboken, New Jersey, 2003).

[32] K. L. Vodopyanov, „Optical THz-wave generation with periodically-inverted GaAs", Laser Photon. Rev. **2**, 11 (2008).

[33] D. Zheng, L. A. Gordon, Y. S. Wu, R. S. Feigelson, M. M. Fejer, R. L. Byer, and K. L. Vodopyanov, „16 µm infrared generation by difference-frequency mixing in diffusion-bonded-stacked GaAs", Opt. Lett. **23**, 1010 (1998).

[34] R. L. Byer, „Optical parametric oscillators",in *Nonlinear Optics, Part B*, H. Rabin and C. L. Tang, Hrsg., Quantum Electronics, Kap. Optical Pa (Academic Press, New York, 1975).

[35] D. Meschede, *Optik, Licht und Laser* (2008).

[36] J. P. Gordon, R. C. C. Leite, R. S. Moore, S. P. S. Porto, and J. R. Whinnery, „Long-Transient Effects in Lasers with Inserted Liquid Samples", J. Appl. Phys. **36**, 3 (1965).

[37] D. D. Lowenthal, „Cw periodically poled $LiNbO_3$ optical parametric oscillator model with strong idler absorption", IEEE J. Quantum Electron. **34**, 1356 (1998).

[38] P. F. Goldsmith, *Quasioptical Systems* (IEEE Press, New York, 1998).

[39] T. Carmon, L. Yang, and K. J. Vahala, „Dynamical thermal behavior and thermal self-stability of microcavities", Opt. Express **12**, 4742 (2004).

[40] N. Waasem, S. Fieberg, J. Hauser, G. Gomes, D. Haertle, F. Kühnemann, and K. Buse, „Photoacoustic absorption spectrometer for highly transparent dielectrics with parts-per-million sensitivity", Rev. Sci. Instrum. **84**, 023109 (2013).

[41] U. T. Schwarz and M. Maier, „Asymmetric Raman lines caused by an anharmonic lattice potential in lithium niobate", Phys. Rev. B **55**, 11041 (1997).

[42] O. Gayer, Z. Sacks, E. Galun, and A. Arie, „Temperature and wavelength dependent refractive index equations for MgO-doped congruent and stoichiometric $LiNbO_3$", Appl. Phys. B **91**, 343 (2008).

[43] O. Gayer, Z. Sacks, E. Galun, and A. Arie, „Erratum: Temperature and wavelength dependent refractive index equations for MgO-doped congruent and stoichiometric $LiNbO_3$", Appl. Phys. B **101**, 481 (2010).

[44] O. Paul, A. Quosig, T. Bauer, M. Nittmann, J. Bartschke, G. Anstett, and J. A. L'Huillier, „Temperature-dependent Sellmeier equation in the MIR for the extraordinary refractive index of 5 % MgO doped congruent $LiNbO_3$", Appl. Phys. B **86**, 111 (2007).

[45] J. Kiessling, R. Sowade, I. Breunig, K. Buse, and V. Dierolf, „Cascaded optical parametric oscillations generating tunable terahertz waves in periodically poled lithium niobate crystals", Opt. Express **17**, 87 (2009).

[46] H. Y. SHEN, H. Xu, Z. D. Zeng, W. X. Lin, R. F. Wu, and G. F. Xu, „Measurement of refractive indices and thermal refractive-index coefficients of $LiNbO_3$ crystal doped with 5 mol. % MgO", Appl. Opt. **31**, 6695 (1992).

[47] J.-Q. Yao, Y.-Z. YU, P. Wang, T. Wang, B.-G. Zhang, X. Ding, J. Chen, H. J. Peng, and H. S. Kwok, „Nearly-noncritical phase matching in MGO: $LiNbO_3$ optical parametric oscillators", Chinese Phys. Lett. **18**, 1214 (2001).

[48] E. Palik, *Handbook of optical constants of solids*, vol. I, 429 (Academic Press, San Diego, 1985).

[49] K. a. Kuznetsov, S. P. Kovalev, G. K. Kitaeva, T. D. Wang, Y. Y. Lin, Y. C. Huang, I. I. Naumova, and a. N. Penin, „Dispersion of the dielectric function real part for Mg:$LiNbO_3$ crystals at terahertz frequencies", Appl. Phys. B **101**, 811 (2010).

[50] R. Miller, „Optical second harmonic generation in piezoelectric crystals", Appl. Phys. Lett. **5**, 17 (1964).

[51] R. Sowade, I. Breunig, C. Tulea, and K. Buse, „Nonlinear coefficient and temperature dependence of the refractive index of lithium niobate crystals in the terahertz regime", Appl. Phys. B **99**, 63 (2010).

[52] Y. S. Kim and R. T. Smith, „Thermal expansion of lithium tantalate and lithium niobate single crystals", J. Appl. Phys. **40**, 4637 (1969).

[53] K. Wong, *Properties of lithium niobate* (INSPEC, London, 2002).

[54] A. S. Andrushchak, B. G. Mytsyk, H. P. Laba, O. V. Yurkevych, I. M. Solskii, a. V. Kityk, and B. Sahraoui, „Complete sets of elastic constants and photoelastic coefficients of pure and MgO-doped lithium niobate crystals at room temperature", J. Appl. Phys. **106**, 073510 (2009).

[55] T. Skauli, P. S. Kuo, K. L. Vodopyanov, T. J. Pinguet, O. Levi, L. A. Eyres, J. S. Harris, M. M. Fejer, B. Gerard, L. Becouarn, and E. Lallier, „Improved dispersion relations for GaAs and applications to nonlinear optics", J. Appl. Phys. **94**, 6447 (2003).

[56] C. J. Johnson, G. H. Sherman, and R. Weil, „Far infrared measurement of the dielectric properties of GaAs and CdTe at 300 K and 8 K.", Appl. Opt. **8**, 1667 (1969).

[57] S. Perkowitz, „Far infrared free-carrier absorption in n-type gallium arsenide", J. Phys. Chem. Solids **32**, 2267 (1971).

[58] P. Maycock, „Thermal conductivity of silicon, germanium, III-V compounds and III-V alloys", Solid State Electron. **10**, 161 (1967).

[59] R. Dixon, „Photoelastic properties of selected materials and their relevance for applications to acoustic light modulators and scanners", J. Appl. Phys. **38** (1967).

[60] E. D. Pierron, D. L. Parker, and J. B. McNeely, „Coefficient of expansion of gallium arsenide from â€"62 to 200 °C", Acta Crystallogr. **21**, 290 (1966).

[61] M. J. E. Golay, „Theoretical consideration in heat and infra-red detection, with particular reference to the pneumatic detector", Rev. Sci. Instrum. **18**, 347 (1947).

[62] L. S. Rothman, I. E. Gordon, A. Barbe, D. C. Benner, P. E. Bernath, M. Birk, V. Boudon, L. R. Brown, A. Campargue, J. P. Champion, K. Chance, L. H. Coudert, V. Dana, V. M. Devi, S. Fally, J. M. Flaud, R. R. Gamache, A. Goldman, D. Jacquemart, I. Kleiner, N. Lacome, W. J. Lafferty, J. Y. Mandin, S. T. Massie, S. N. Mikhailenko, C. E. Miller, N. Moazzen-Ahmadi, O. V. Naumenko, A. V. Nikitin, J. Orphal, V. I. Perevalov, A. Perrin, A. Predoi-Cross, C. P. Rinsland, M. Rotger, M. Simeckova, M. A. H. Smith, K. Sung, S. A. Tashkun, J. Tennyson, R. A. Toth, A. C. Vandaele, and J. Vander Auwera, „The HITRAN 2008 molecular spectroscopic database RID A-4504-2010 RID C-3963-2009 RID A-7043-2008", J. Quant. Spectrosc. Ra. **110**, 533 (2009).

[63] G. Z. Zhao, M. ter Mors, T. Wenckebach, and P. C. M. Planken, „Terahertz dielectric properties of polystyrene foam", J. Opt. Soc. Am. B **19**, 1476 (2002).

[64] D. H. Jundt, „Temperature-dependent Sellmeier equation for the index of refraction, n_e, in congruent lithium niobate“, Opt. Lett. **22**, 1553 (1997).

[65] C. Schmidt, A. Chipouline, T. Pertsch, A. Tunnermann, O. Egorov, F. Lederer, and L. Deych, „Nonlinear thermal effects in optical microspheres at different wavelength sweeping speeds“, Opt. Express **16**, 6285 (2008).

[66] A. Siegman, „Defining, measuring, and optimizing laser beam quality“, Proc. SPIE **1868** (1993).

[67] L. Zehnder, „Ein Neuer Interferenzrefraktor“, Z. Instrumentenkd. **11**, 275 (1891).

[68] L. Mach, „Über Einen Interferenzrefraktor“, Zeitschrift für Instrumentenkunde **12**, 89 (1892).

[69] J. E. Greivenkamp and J. H. Bruning, *Optical Shop Testing*, 501, 2nd ed. (John Wiley & Sons, Inc., New York, 1992).

[70] T. R. Judge, „Automatic Fringe Analysis (FRAN)“, (2001).

[71] U. Schlarb and K. Betzler, „Influence of the defect structure on the refractive indices of undoped and Mg-doped lithium niobate“, Phys. Rev. B **50**, 751 (1994).

[72] R. C. Eckardt, C. D. Nabors, W. J. Kozlovsky, and R. L. Byer, „Optical parametric oscillator frequency tuning and control“, J. Opt. Soc. Am. B **8**, 646 (1991).

[73] R. Sowade, I. Breunig, J. Kiessling, and K. Buse, „Influence of the pump threshold on the single-frequency output power of singly resonant optical parametric oscillators“, Appl. Phys. B **96**, 25 (2009).

[74] R. H. Stolen, „Far-infrared absorption in high resistivity Gaas“, Appl. Phys. Lett. **15**, 74 (1969).

[75] A. Ikeda, T. Oi, K. Nakayama, Y. Otsuka, and Y. Fujii, „Temperature and electric field dependences of optical damage in proton-exchanged waveguides formed on MgO-doped lithium niobate crystals“, Jpn. J. Appl. Phys. **44**, L1407 (2005).

[76] M. Scheller, J. M. Yarborough, J. V. Moloney, M. Fallahi, M. Koch, and S. W. Koch, „Room temperature continuous wave milliwatt terahertz source“, Opt. Express **18**, 27112 (2010).

[77] G. A. Turnbull, D. McGloin, I. D. Lindsay, M. Ebrahimzadeh, and M. H. Dunn, „Extended mode-hop-free tuning by use of a dual-cavity, pump-enhanced optical parametric oscillator.“, Opt. Lett. **25**, 341 (2000).

[78] E. Peytavit, S. Lepilliet, F. Hindle, C. Coinon, T. Akalin, G. Ducournau, G. Mouret, and J.-F. Lampin, „Milliwatt-level output power in the sub-terahertz range generated by photomixing in a GaAs photoconductor“, Appl. Phys. Lett. **99**, 223508 (2011).

[79] G. Gallerano and S. Biedron, „Overview of terahertz radiation sources“, Proceedings of the 2004 FEL Conference 216 (2004).

Eigene Veröffentlichungen

- I. Breunig, J. Kiessling, B. Knabe, R. Sowade, and K. Buse, „Hybridly-pumped continuous-wave optical parametric oscillator“, Opt. Express **16**, 5662–5666 (2008).
- I. Breunig, J. Kiessling, R. Sowade, B. Knabe, and K. Buse, „Generation of tunable continuous-wave terahertz radiation by photomixing the signal waves of a dual-crystal optical parametric oscillator“, New J. Phys. **10**, 73003 (2008).
- R. Sowade, I. Breunig, J. Kiessling, and K. Buse, „Influence of the pump threshold on the single-frequency output power of singly resonant optical parametric oscillators“, Appl. Phys. B **96**, 25–28 (2009).
- J. Kiessling, R. Sowade, I. Breunig, K. Buse, and V. Dierolf, „Cascaded optical parametric oscillations generating tunable terahertz waves in periodically poled lithium niobate crystals“, Opt. Express **17**, 87–91 (2009).
- R. Sowade, I. Breunig, I. Camara Mayorga, J. Kiessling, C. Tulea, V. Dierolf, and K. Buse, „Continuous-wave optical parametric terahertz source“, Opt. Express **17**, 22303 (2009).
- J. Kiessling, F. Fuchs, K. Buse, and I. Breunig, „Pump-enhanced optical parametric oscillator generating continuous wave tunable terahertz radiation“, Opt. Lett. **36**, 4374 (2011).
- J. Kiessling, R. Sowade, I. C. Mayorga, K. Buse, and I. Breunig, „Note: Coherent detection of terahertz radiation employing a continuous wave optical parametric source“, Rev. Sci. Instrum. **82**, 26108 (2011).
- J. Kiessling, K. Buse, and I. Breunig, „Temperature-dependent Sellmeier equation for the extraordinary refractive index of 5 mol in the terahertz range“, J. Opt. Soc. Am. B **30**, 950 (2013).
- J. Kiessling, I. Breunig, P. G. Schunemann, K. Buse, and K. L. Vodopyanov, „High power and spectral purity continuous-wave photonic THz source tunable from 1 to 4.5 THz for nonlinear molecular spectroscopy“, New J. Phys. **15**, 105014 (2013).

Danksagung

An dieser Stelle möchte ich den Menschen Dank und Wertschätzung aussprechen, die mich während meiner Promotion begleitet haben und durch welche die letzten Jahre mit so viel Lebensfreude gefüllt wurden. Ich danke:

Karsten Buse für die Möglichkeit, diese Arbeit in seiner Bonner und Freiburger Arbeitsgruppe unter besten Laborvoraussetzungen in einer angenehmen Atmosphäre anzufertigen sowie für sein mir entgegengebrachtes Vertrauen.

Markus Walther für die Bereitschaft, diese Arbeit zu begutachten sowie Ulrich Schwarz und Oliver Paul für die Vervollständigung der Prüfungskommission.

Konstantin Vodopyanov für erleuchtenden Gespräche und für die Versorgung mit Galliumarsenid-Proben und Messausrüstung, ohne die Teile dieser Arbeit nicht möglich gewesen wären.

Ingo Breunig für seine begeisternde und begeisterungsfähige Art („weil es geht") und die traumhafte ;-) Betreuung während der gesamten Promotion und darüber hinaus.

Raja Bernard und Melanie Baumann für ihre erfrischende Art und pausenlose Hilfsbereitschaft.

Akos Hoffmann für seine Hilfe bei Temperatursteuerungen, Piezotreibern und dem Aufspüren von Elektroschrott.

Frank Behm und Florian Fuchs für ihre Unterstützung als Diplomanden auf dem Gebiet der optisch-parametrischen Oszillation und Terahertz-Erzeugung.

Allen Gruppenmitgliedern für die tolle Atmosphäre und die Unterstützung und Unterhaltung während und nach der Arbeitszeit. Das gilt gleichermaßen für alle in Bonn zurückgelassenen, als auch am IMTEK und IPM alte und neu gewonnenen Freunde und Kollegen. Ich kann mir keine bessere Arbeitsgruppe vorstellen.

Bastian Knabe und Tobias Beckmann für gelegentliche Zerstreuung durch ferngesteuerte Kaltverformung.

Meiner Familie und insbesondere meinen Eltern für die bedingungslose und herzliche Unterstützung in allen Lebenslagen.

Meiner Freundin Sahar für ihr Verständnis für einen zusammenschreibenden Physiker mit all seinen vorübergehenden und permanenten Eigenheiten, für ihre Bereitschaft, mit mir die Rheinseite zu wechseln und an den Rand Deutschlands zu ziehen, und dafür, dass sie mit mir durch alle Höhen und Tiefen geht und mich immer wieder zum Lachen bringt.